高等学校计算机专业系列教材

分布式数据库

原理与实践

强彦 主编

王盈森 赵涓涓 许建辉 张积斌 参编

机械工业出版社

CHINA MACHINE PRESS

本书全方位讲解分布式数据库的知识点，由易到难、由浅入深地带领读者在分布式数据领域不断深入。第 1 章主要介绍分布式数据库的起源与发展，并就分布式数据库的结构模式、作用及特点进行详细讲解。第 2 章主要对分布式技术、分布式服务架构、云数据库与容器化技术、大数据平台、分布式存储与数据库以及区块链技术进行详细介绍。第 3 章主要从分布式的基础理论、分布式事务分类以及分布式数据库分类、SequoiaDB 数据库展开介绍。第 4 章主要从体系结构、安装部署、实例创建、数据库操作以及数据库事务能力五个方面介绍分布式数据库架构。第 5 章主要讲述分布式原理、高可用能力演示，以及集群扩容与缩容操作。第 6 章主要讲解数据迁移的实例，数据库和集群的备份、恢复的基本知识和实例操作。第 7 章主要介绍数据库的监控与管理，还会介绍几种代表性的快照类型，最后按照问题分类对常见错误进行描述并提供相应的解决方案。

本书适合作为高等学校计算机专业数据库相关课程的教材，也适合作为分布式数据库领域技术人员的参考书。

图书在版编目（CIP）数据

分布式数据库：原理与实践 / 强彦主编 . —北京：机械工业出版社，2024.7
高等学校计算机专业系列教材
ISBN 978-7-111-75901-0

Ⅰ. ①分⋯　Ⅱ. ①强⋯　Ⅲ. ①分布式数据库 – 数据库系统 – 高等学校 – 教材　Ⅳ. ① TP311.133.1

中国国家版本馆 CIP 数据核字（2024）第 105851 号

机械工业出版社（北京市百万庄大街 22 号　邮政编码：100037）
策划编辑：姚　蕾　　　　　　责任编辑：姚　蕾
责任校对：郑　婕　牟丽英　　责任印制：任维东
北京瑞禾彩色印刷有限公司印刷
2024 年 7 月第 1 版第 1 次印刷
185mm × 260mm・11.25 印张・261 千字
标准书号：ISBN 978-7-111-75901-0
定价：59.00 元

电话服务　　　　　　　　　网络服务
客服电话：010-88361066　机 工 官 网：www.cmpbook.com
　　　　　010-88379833　机 工 官 博：weibo.com/cmp1952
　　　　　010-68326294　金 书 网：www.golden-book.com
封底无防伪标均为盗版　机工教育服务网：www.cmpedu.com

前　言

互联网蓬勃发展，业务驱动技术不断升级，系统越来越庞大，技术越来越复杂，应用部署集群化，所有压力都指向了数据库。数据量巨大，数据库的优化和运维面临重重困难，在这种情况下，分布式数据库应运而生，成为强有力的解决方案。如今，我国也自主研发了多种分布式数据库系统，技术日新月异。

分布式数据库有着悠久的历史，传统的分布式数据库以数仓及分析类 OLAP 系统为主，不能满足大量高并发的数据查询以及大数据加工和分析的效率要求，因此分布式数据库近几年也在努力转型。在未来的 3 ～ 5 年中，新一代数据库将会渐渐向多模数据库演进，同时提供 SQL 和 API 两种数据访问模式。随着区块链技术的不断革新，分布式数据库成为当今大数据时代的必然趋势与需求。

巨杉数据库（SequoiaDB）在支持使用 SQL 和 API 访问结构化与半结构化存储的同时，也支持其他类型的数据存储格式，包括非结构化的对象存储。因此巨杉数据库更适合高并发在线事务处理场景，技术前景广阔。

分布式数据库教材在国内相对稀少，本书与国内著名分布式数据库公司——广州巨杉软件开发有限公司合作，主要针对分布式数据库的基本概念、数据库的逻辑结构、物理存储结构、分布式数据库的基础语法等进行整体性的讲解，帮助读者建立分布式数据库的完善理论基础，同时结合巨杉分布式数据库的应用实战来增强读者对分布式数据库理论的理解以及利用分布式数据库解决实际问题的能力。

本书将理论与实战紧密结合。从分布式基础理论到实战经验，将理论付诸实战，帮助读者在提高理论基础的同时强化实战能力。另外，本书还提供了视频教学资源、练习题库和案例实战的源代码。

多位巨杉数据库开发工程师参与撰写本书。作者充分结合了企业先进的分布式数据库经验，读者在建立完善的分布式数据库理论基础的同时，还可以访问巨杉数据库官网，随时查看学习资源、在线视频讲解，学习企业公布的最新分布式数据库技术和应用，并获取更多详细的教育资源。本书可作为 SequoiaDB University 针对 SCDA 认证考试的教材，帮助读者通过巨杉 SCDA 认证。

本书能够顺利出版，感谢所有给予帮助和支持的专家、学者。感谢巨杉数据库软件研发技术团队的支持。本书由中北大学强彦主编。第 2 章由太原理工大学王盈森编写，第 3 章由太原理工大学赵涓涓编写，第 4 章由中北大学强彦编写，其他章由本书作者共同编写。撰写过程中太原理工大学的张吉娜、杨菀婷、李懿、罗士朝、杨星宇、周晓松等项目组成员做了大量的资料准备、文档整理和代码调试工作，在此表示衷心的感谢！

由于作者水平有限，不当之处在所难免，恳请读者及同人赐教指正。

强彦

于太原

教学建议

引言

在信息技术日新月异的今天，分布式数据库技术因其高可用性、高扩展性和高性能等特点，成为了大数据时代的重要基石。本书系统地介绍了分布式数据库的基本概念、关键技术及其在实际中的应用。本教学建议旨在帮助教师更有效地利用本书作为教材，指导学生深入理解分布式数据库，并在实践中加强对理论知识的应用。

教学目标

- 理解分布式数据库的基本原理和关键技术。
- 掌握分布式数据库设计和管理的基本方法。
- 分析和解决分布式数据库在实际应用中遇到的问题。
- 通过实践加强对分布式数据库理论知识的理解和应用。

教学方法

- 讲授法：用于介绍分布式数据库的基础理论和关键技术。
- 案例分析：通过分析真实案例，让学生理解分布式数据库设计和应用的复杂性。
- 实验实践：指导学生完成分布式数据库的设计、搭建和优化，提高动手能力。
- 小组讨论：鼓励学生团队合作，共同探讨分布式数据库面临的挑战和解决方案。
- 自主学习：推荐学生阅读最新的研究文章和技术博客，培养自主学习能力。

评估方法

- 理论考试：考察学生对分布式数据库基础知识的掌握情况。
- 项目作业：评估学生在实际项目中应用分布式数据库知识的能力。
- 实验报告：通过实验报告来评价学生的实验操作和问题分析能力。
- 课堂表现和参与度：鼓励学生积极参与课堂讨论和小组合作。
- 期中和期末理论考试：通过闭卷或开卷形式，考察学生对分布式数据库理论知识的掌握。
- 项目实作与报告：评估学生在设计和实现分布式数据库系统中的应用能力，以及分析和解决问题的能力。

- 课堂讨论和小组作业：通过学生的课堂互动和小组合作，评价学生的沟通、协作和问题解决能力。
- 自我反思报告：鼓励学生撰写自我反思报告，总结学习过程中的收获、存在的问题及改进措施。
- 同行评审：学生互评项目作业和报告，培养批判性思维和相互学习的能力。

推荐学习资源

- 巨杉数据库官网及文档，提供了丰富的学习和实践资源。
- Apache Hadoop 和 Apache Spark 官方文档，给出了大数据处理框架。
- Google Scholar 和 IEEE Xplore，可搜索最新的分布式数据库研究论文。
- 技术博客和在线课程，如 Coursera 和 edX，提供了对分布式数据库的深入讲解和案例分析。
- 官方文档和标准，鼓励学生阅读分布式数据库产品的官方文档，如 Apache Cassandra、MongoDB 等，以及相关的技术标准。
- 技术社区和论坛，如 Stack Overflow、GitHub 等，学生可以在这些平台上提问、解答和分享经验。
- 科研文章和会议，引导学生关注分布式数据库领域的顶级会议和期刊，如 VLDB、SIGMOD 等，阅读最新的研究成果。
- 实验室和工作室，建议学校或教研单位建立分布式数据库实验室，提供实践环境，加强学生的动手能力。

目 录

VIII

第1章 分布式数据库技术起源

本章将介绍分布式数据库的起源与发展，并就分布式数据库的类型、结构模式、作用及特点进行详细讲解，以帮助读者对分布式数据库技术建立宏观认知，并为读者进一步理解后续章节奠定基础。

1.1 数据库的起源与发展

数据库技术是 20 世纪 60 年代中期逐步兴起的一门新兴的信息管理自动化学科，是目前计算机科学中的一个重要分支，其产生源于社会的实际需要[1]。随着计算机系统硬件技术以及互联网技术的不断发展，数据处理任务逐渐占据了主导地位，数据库的应用也越发广泛，可以说数据库技术已经成为信息管理的核心技术和坚实基础。

根据数据模型的发展，数据库的发展历程大致可以划分为四个阶段：第一阶段为 IBM 公司研制的层次模型数据库和美国数据库系统语言协会 CODASYL 下属数据库任务组 DBTG 提议的网状模型；第二阶段为关系数据库系统；第三阶段是以面向对象模型为主要特征的数据库系统；第四阶段是以后关系型数据库为代表并结合大数据、云计算技术的大数据数据库。

数据库技术自诞生以来不断发展，逐步形成了独有的理论结构、成熟的商用产品和广泛的应用领域，引发了许多研究者的兴趣[2]。随着国内外研究的发展，已经有成千上万个数据库为企业和个人提供了技术支撑。此外，数据库领域的研究曾获得三次计算机图灵奖，更加有力地证明了数据库作为一个极具创新和发展潜力的领域，为计算机的信息管理带来了新的思路。

1.2 分布式数据库系统的基本概念

随着传统数据库技术的日益成熟，数据库应用已经普遍建立于计算机网络之上，此时也表现出集中式数据库系统的很多不足：集中式处理造成的通信开销过大；程序集中在一台计算机上可靠性不高；系统规模配置不够灵活等。在这些问题的推动下，"分布计算"的概念得到了发展。分布式数据库系统（Distributed DataBase System，DDBS）是相对于集中式数据库系统而言的，是将数据库技术与网络技术相结合的产物[3]。分布式数据库系统与集中式数据库系统相比具有很强的可扩展性，可通过增加适当的数据冗余来提高系统的可靠性。分布式数据库系统包含分布式数据库管理系统（Distributed DataBase Management System，DDBMS）和分布式数据库（Distributed DataBase，DDB）两部分，二者承担的任务和工作各不相同。

分布式数据库管理系统是分布式数据库系统的核心，用于保证分布式数据库中数据的物理分布对用户的透明性。分布式数据库管理系统是建立、查询、更新、管理、维护分布式数据库的一组软件，如图 1.1 所示，包含局部数据库管理系统（LDBMS）、全局数据库管理系统（GDBMS）、通信管理（CM）和全局系统目录（GDD）4 个组件。

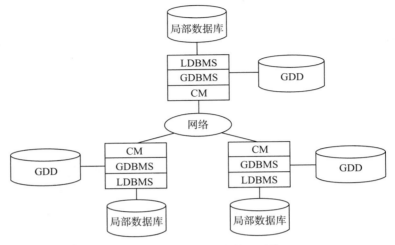

图 1.1　分布式数据库管理系统

局部数据库管理系统（Local DBMS，LDBMS）：该组件是一个标准的数据库管理系统，主要负责建立和管理本节点数据库中的数据。它有自己的系统目录表，存储的是本节点数据库中数据的总体信息，提供场地自治能力、执行局部应用以及全局查询的子查询。

全局数据库管理系统（Global DBMS，GDBMS）：该组件也称为分布式数据库管理系统，是整个系统的控制中心，它主要负责执行全局事务，协调局部的数据库管理系统以完成全局应用，保证数据库的全局一致性[4]。

通信管理（Communication Management，CM）：该组件也称为数据连接，是一个能让所有节点与其他节点相连接的软件，包含节点及其连接的信息，提供通信功能。

全局系统目录（Global Data Directory，GDD）：该组件也称为全局数据字典，包含集中式数据库的数据目录、数据分布信息（如分片、复制和分布模式）。它本身可以像关系一样被分片、复制和分配到各个节点。

分布式数据库是由一组数据组成的，这组数据分布在计算机网络的不同计算机上。分布式数据库系统通常采用比较小的计算机系统，网络中的每个节点都具有独立处理能力，拥有自己的局部数据库并可以执行局部应用，每个节点也能通过网络通信子系统执行全局应用[5]。许多计算机相互连接，共同组成一个完整的、全局的"逻辑上集中、物理上分布"的大型数据库。

如图 1.2 所示，分布式数据库系统可以抽象为 4 层的结构模式，分别为全局外层、全局概念层、局部概念层和局部内层。层与层之间有相应的层间映射。模式结构从整体上可以分为两大部分：上半部分是分布式数据库系统增加的全局模式结构；下半部分是传统集中式数据库的模式结构，代表各局部数据库系统的基本结构。

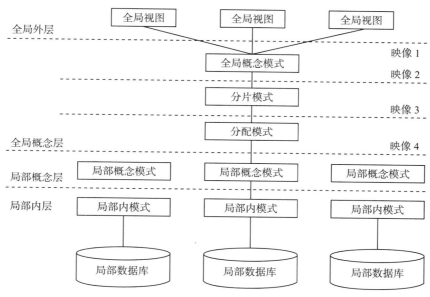

图 1.2　分布式数据库系统的结构模式

全局外层：该层是全局应用的用户视图，是全局概念模式的子集。

全局概念层：该层定义分布式数据库中数据的整体逻辑及结构，定义方法可以采用传统集中式数据库中所采用的方法。全局概念模式中所用的数据模型应该易于向其他层次的模式映像，通常采用的是关系模型[6]。

分片模式：每一个全局关系都可以划分为不相干的若干部分，每一个部分称为一个片段，即"数据分片"[7]。分片模式就是定义片段及全局关系到片段的映像，这种映像是一对多的关系，即每个片段来自一个全局关系，而一个全局关系可对应多个片段。

分配模式：由数据分片得到的片段仍然是分布式数据库的全局数据，每一个片段在物理上可以分配到网络的一个或多个不同节点上。分配模式定义片段的存放节点。分配模式的映像类型决定了分布式数据库是冗余的还是非冗余的。如果映像的关系是一对多，即一个片段分配到多个节点上存放，此时就是冗余的分布式数据库，否则就是非冗余的分布式数据库。

根据分配模式所提供的信息，一个全局查询可分解为若干子查询，每一个子查询要访问的数据属于同一场地的局部数据库，由分配模式到各局部数据库的映像（如图 1.2 中的映像 4）把存储在局部场地的全局关系或全局关系的片段映像为各局部概念模式采用局部场地的数据库管理系统所支持的数据模型。

分片模式和分布模式均是全局的，分布式数据库系统中增加的这些模式和相应的映像使分布式数据库系统具有了分布透明性。

局部概念层：一个全局关系按逻辑可以划分为一个或多个逻辑片段，每个逻辑片段被分配在一个或多个场地上，称为该逻辑片段的物理映像[8]。分配在同一个场地上的同一个全局概念模式的若干片段构成了该全局概念在该场地上的一个物理映像。一个场地上的局部概念模式是该场地上所有全局概念模式在该场地上的物理映像的集合。由此可见，全局概念模式与场地独立，而局部概念模式与场地相关。

局部内层：该层是对分布式数据库的物理数据库的描述，类似于集中式数据库中的内模式，但是其描述的内容不仅包含局部数据在本场地的描述，还包括全局数据在本场地的存储描述。

1.3 分布式数据库系统的作用与特点

分布式数据库系统在传统集中式数据库的基础上得到了进一步的发展，能够在改善用户体验的同时降低开发和维护的难度。

首先，分布式数据库的坚固性比传统数据库更强。由于分布式数据库系统是由多个位置上的多台计算机构成的，在个别节点或个别通信链路发生故障的情况下，它仍然可以降低级别继续工作，如果采用冗余技术，还可以获得一定的容错能力，具有较强的可靠性和可用性。

其次，分布式数据库的可扩充性好。能够根据发展的需要增减节点，或对系统重新进行配置，这比用一个更大的系统代替一个已有的集中式数据库要容易得多，并且使提升数据库性能成为可能。在分布式数据库系统中可按就近分布、合理冗余的原则来分布各节点上的数据，使大部分数据可以就近访问，避免了集中式数据库中的瓶颈问题，减少了系统的响应时间，提高了系统的效率，同时降低了通信的费用。

最后，分布式数据库的自治性更好。数据可以分散管理、统一协调，即系统中各节点的数据操纵和相互作用是高度自治的，不存在主从控制。分布式数据库较好地满足了一个单位中各部门希望拥有自己的数据、管理自己的数据，同时又想共享其他部门有关数据的需求。

分布式数据库的关键特性主要有以下三个方面：

数据的分布性。分布式数据库中的数据分布于网络中的各个节点上，它既不同于传统的集中式数据库，也不同于通过计算机网络共享的集中式数据库系统。

统一性。主要表现为数据在逻辑上的统一性和数据在管理上的统一性两个方面。分布式数据库系统通过网络技术把局部的、分散的数据库变成一个在逻辑上单一的数据库，从而呈现在用户面前的就如同是一个统一的、集中式的数据库。这就是数据在逻辑上的统一性，因此，它不同于由网络互联的多个独立数据库。分布式数据库是由分布式数据库管理系统统一管理和维护的，这种管理上的统一性又使它不同于一般的分布式文件系统[9]。

透明性。用户在使用分布式数据库时，与使用集中式数据库一样，无须知道其所关心的数据存放在哪里，存储了几次。用户需要关心的仅仅是整个数据库的逻辑结构。

本章小结

本章对分布式数据库的起源与发展做了详细介绍，可帮助读者建立对分布式数据库的概念、作用与特点的宏观认识，为理解后续章节奠定基础。

参考文献

[1]　周亚翠 . 关系型数据库 [J]. 现代情报，1998（6）：7-8.

[2]　孟小峰，周龙骧，王珊 . 数据库技术发展趋势 [J]. 软件学报，2012，15（12）：1822-1836.

[3]　李娜，刘俊辉 . 基于分布式处理技术的物联网数据库研究和设计 [J]. 现代电子技术，2012，35（4）：120-122.

[4]　邵佩英 . 分布式数据库系统及其应用 [M]. 北京：科学出版社，2000.

[5]　赵春扬，肖冰，郭进伟，等 . 一致性协议在分布式数据库系统中的应用 [J]. 华东师范大学学报（自然科学版），2018，5：91-106.

[6]　苗雪兰，刘瑞新，王怀峰 . 数据库系统原理及应用教程 [M]. 北京：机械工业出版社，2001.

[7]　朱欣焰，周春辉，呙维，等 . 分布式空间数据分片与跨边界拓扑连接优化方法 [J]. 软件学报，2011，22（2）：269-284.

[8]　袁明，石树刚 . 主片段和空片段元组法——DDB 设计中的模式与范式问题 [J]. 计算机杂志，1991，19（1）：96-101.

[9]　潘群华，吴秋云，陈宏盛 . 分布式数据库系统中数据一致性维护方法 [D]. 2002.

课后习题

1. 分布式数据库系统包含＿＿＿＿系统和＿＿＿＿两部分。

2. （多选）分布式数据库管理系统包含（　　　）。

   A. 局部数据库管理系统　　　　　　　　　　B. 通信管理

   C. 全局系统目录　　　　　　　　　　　　　D. 分布式数据库管理系统

3. （多选）下列关于分片模式说法正确的是（　　　）。

   A. 分片模式是全局应用的用户视图，是全局概念模式的子集

   B. 定义片段及全局关系到片段的映像，这种映像是一对多的关系

   C. 一个全局关系按逻辑可以划分为一个或多个逻辑片段，每个逻辑片段被分配在一个或多个场地上

   D. 根据分配模式所提供的信息，一个全局查询可分解为若干子查询，每一个子查询要访问的数据属于同一场地的局部数据库

4. （多选）分布式数据库系统在传统集中式数据库的基础上得到了进一步的发展，它的关键特性主要包括（　　　）。

   A. 分布性　　　　　　B. 统一性　　　　　　C. 透明性　　　　　　D. 自治性

5. 与集中式数据库相比，分布式数据库具有 4 个优点，分别是：＿＿＿＿，＿＿＿＿，＿＿＿＿，＿＿＿＿。

第 2 章　分布式技术概览

第 1 章对分布式数据库的起源与发展做了简要介绍，本章将对分布式技术与分布式服务架构进行详细探讨，并结合大数据平台，让读者在实践中加强对分布式数据库的理解；同时还将融入区块链技术，以增强读者对分布式数据库的理解。

本章学习目标：

- 了解 5 种分布式技术，理解并区分两种分布式服务架构。
- 理解云数据库的理论知识，熟练掌握云数据库与容器化技术的实践部署。
- 了解当前几种主流的大数据平台及区块链技术。

2.1　分布式技术分类

2.1.1　对称式多处理器架构

对称式多处理器（Symmetric Multi-Processor，SMP）架构指的是一台计算机汇集了多个处理器（CPU），各 CPU 之间共享内存、子系统以及总线结构。在这种结构中，一台服务器有多个处理器运行操作系统的单一副本，并且共享内存以及计算机的其他资源。系统将任务队列对称地分配给多个 CPU，从而极大地提高了系统的数据处理能力。如图 2.1 所示，在对称式多处理器架构中，两个或多个对等的处理器可以直接共享内存，任何处理器都可以完全对等地处理应用程序，每个处理器可以独立进行任务调度。

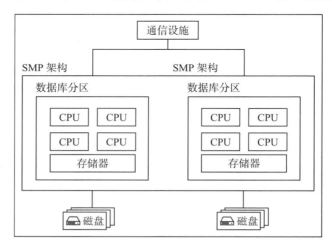

图 2.1　对称式多处理器架构

对称式多处理器中，每个 CPU 访问主存储的效率均等。与之对应的是 NUMA（Non-Uniform Memory Access，非均匀存储器访问）[1]，指的是 CPU 访问特定内存的速度远超其他区域的内存。在这种情况下，CPU 和特定内存区域绑定或优先访问这部分内存，从而可以大大地提高整体性能。

对于通用的应用程序开发，SMP 架构是使用最为频繁的。数据库软件厂商若采用多线程基于 SMP 架构写代码，需要考虑的内容远远超过单内核服务器的考量范围。现在有各种各样新兴的编程语言，比如 Go 语言，天生支持 SMP 架构，对一些特定的数据结构能够并行执行。但对于 C++ 或者 Java，使用临界区互斥量对共享变量进行保护，在 SMP 架构里比单核服务器复杂很多。

2.1.2　并行计算

并行计算（Parallel Computing）是一种同时进行若干计算任务的计算方法[2]，其原理如图 2.2 所示，大问题通常会分解成可以并行解决的小问题。它将传统串行计算的子任务及一些不需要前后关联的部分并排放到一起，通过一台服务器的多个 CPU 或多台服务器各自的 CPU 分别同时进行处理，最后对处理结果用某种方式进行汇总。

那么如何拆分这些子任务，如何将繁多的子任务的前后依赖关系分析清楚，通过什么方式编排和调度这些任务，以及如何将这些任务的结果进行有效汇总呢？这是分布式计算领域最为核心、关键的部分，后续章节将详细讲解。

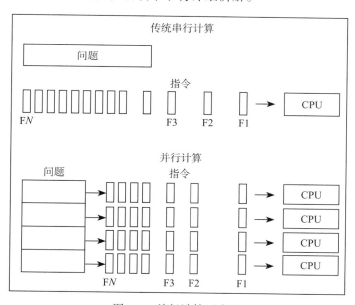

图 2.2　并行计算示意图

并行计算主要包括以下两种方式。

1. 集群计算

集群计算（Cluster Computing）指的是一组相关联的计算机协同工作，如图 2.3 所示，集群计算是最传统的并行计算机制，很多超级计算机都以这种体系进行搭建。集群计算大多以共享内存的方式工作，服务器之间通过高速网络连接和通信。

这种机制将 SMP 架构扩展到多台服务器中，服务器之间通过 RDMA（Remote Direct

Memory Access，远程直接存储器访问）从一台服务器直接高速访问另一台服务器的内存，所有的机器看起来完全对等。

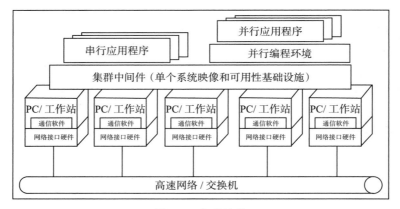

图 2.3　集群计算

从本质上说，这种架构只能看作 SMP 架构的升级版，远远达不到本章所讲的分布式架构标准，毕竟 RDMA 的带宽和服务器扩展数量非常有限，不可能在几十台甚至上百台机器构建的通用服务器集群中运行。

2. 网格计算

网格计算（Grid Computing）通过利用大量异构计算机（通常为台式机）的未用资源（CPU 周期和磁盘存储），将其作为嵌入在分布式电信基础设施中的一个虚拟的计算机集群，为解决大规模的计算问题提供模型。网格计算的焦点在于支持跨管理域计算的能力，这是它与传统的计算机集群或传统的分布式计算的不同之处[3]。

如图 2.4 所示，与集群计算不同，网格计算强调的是计算资源之间的跨网络域，且服务器之间几乎不可能互相连接。

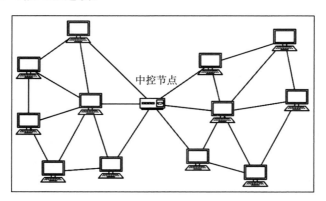

图 2.4　网格计算

举个简单的例子，有一些学术单位会对外征集计算资源，将家用计算机冗余的 CPU 周期用于帮助学术单位进行科学计算就是一种网格计算。客户端通过小程序的后台运行，与学术单位的一个中控节点连接，当计算机休眠后会在后台启动，从中控节点下载任务进行计算，最后将结果返回给中控节点，继而下载另一个任务。

网格计算主要针对广域网环境,是需要大量计算资源进行协同工作的一种体系,这与当今的区块链有异曲同工之妙,在后续章节中将会具体介绍区块链与分布式数据库的联系。

2.1.3　分布式计算

可以看到,无论是集群计算还是网格计算,都是非常古老的体系。集群计算依赖共享内存,规模不可能无限扩大。而网格计算缺乏计算节点之间的协作能力,过于依赖中控节点的调度,很难形成真正实用的商业解决方案。因此,近些年分布式计算开始被提上日程。分布式系统是一组计算机通过网络相互连接传递消息与通信后,协调它们之间的行为而形成的系统。组件之间彼此进行交互以实现一个共同目标,把需要进行大量计算的工程数据分割成小块,由多台计算机分别计算,上传运算结果后将结果合并,从而得出相应的数据结论[4]。可以看到,分布式计算的核心与并行系统和网格计算的区别在于组件之间彼此交互。

如图 2.5 所示,图 2.5a 和图 2.5b 是分布式系统,组件之间涉及大量的依赖关系和彼此交互的逻辑,而图 2.5c 则是一个标准的并行系统,除了内存总线以外,处理节点各自独立,对等且无交互。当前的 SOA(面向服务的架构)、微服务等架构之所以被称为分布式系统,就是因为模块之间的交互是形如图 2.5a 和图 2.5b 这样的形式。

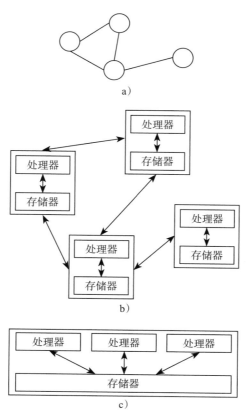

图 2.5　分布式系统和并行系统

2.1.4   云计算

云计算是一种基于互联网的计算方式，通过这种方式，共享的软硬件资源和信息可以按需求提供给计算机各种终端和其他设备，使用服务商提供的计算机作为计算资源。

如图 2.6 所示，当构建一个应用程序的时候，将逻辑工作分布至其他组件中，会大幅提升运维的复杂度。因此，为了有效支撑分布式体系，业界也开始有了云服务。最开始的时候，云服务在某种程度上就是服务器虚拟机租赁，最早的 AWS 也只有 EC2 将虚拟机资源分享到网络供大家租用。此后在虚拟机上开始产生各种各样的计算、存储、通信、管理、网络等组件，这些组件构成了 PaaS 层，也就是平台层。有了平台层，各种分布式框架就如同雨后春笋一样纷纷涌现，让用户可以非常容易地编写用户逻辑，把逻辑嵌入各自的 PaaS 框架中，让系统管理员比较容易管理。现在业界流行的框架叫作 K8S，它就是这样一种服务编织框架。

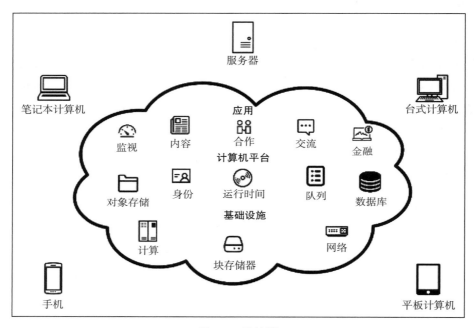

图 2.6   云计算

2.1.5   去中心化计算

除了分布式技术之外，当前业界还有另一种完全不同但被很多人混淆的技术——去中心化技术。最典型的去中心化应用就是区块链[5]。区块链体系在某种程度上和过去的网格计算有些类似，它们的设计理念都是基于完全不可靠的终端设备，在网络层面没有切实保障的广域网上进行计算。

如图 2.7 所示，在过去的网格技术中，为了保证每个任务单元都能被可靠地完成，中控节点需要在多个终端设备里进行同样的计算，并对结果集进行比对。而区块链技术中则是参与计算的所有节点进行同样任务的计算，并通过数字签名和链的机制对结果进行比对。

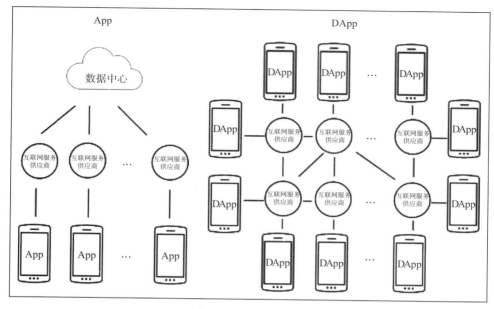

图 2.7　App 与 DApp

虽然去中心化技术不只有区块链技术，但是大多数情况下，大家谈到去中心化应用（DApp），指的往往是类似以太坊或者 EOS 这些区块链体系中的应用程序。

2.2　分布式服务架构

微服务架构是一种应用架构风格，其应用由各种微服务组件组成。尽管对"微服务"这种架构风格尚没有精确的定义，但其具有一些共同的特性，如围绕业务能力组织服务、自动化部署、智能端点、对语言及数据的"去集中化"控制等。

近年来，架构风格逐渐从整体式演变为微服务式。整体式架构（Monolithic Architecture）是一种提供所有能力的大型应用，微服务架构（Micro-Services Architecture，MSA）则包含若干个较小的应用，每个应用都是整体的一部分，可以降低开发难度、增强扩展性，便于敏捷开发。

面向服务的架构（Service-Oriented Architecture，SOA）也逐渐演变为微服务架构。面向服务的架构以集成为导向，将多个应用程序模块集成为整体服务，使用技术 API 接口。微服务架构则以解耦为导向，将单体应用解耦为多个面向业务的功能模块，注重业务能力，使用业务 API 接口。

2.2.1　面向服务的架构

面向服务的架构并不特指一种技术，而是一种分布式运算的软件设计方法。软件的部分组件（调用者）可以通过网络上的通用协议调用另一个应用的组件运行、运作，让调用者获得服务。SOA 原则上采用开放标准与软件资源进行交互，因此能跨厂商、产品与技术。一项服务应视为一个独立的功能单元，可以远程访问并独立运行与更新。

如图 2.8 所示，在 SOA 中，我们把整个软件划分成一个个模块，每个模块可以作为服务提供者（Provider）或消费者（Consumer）来提供服务或使用服务。同时，模块之间的通信使用企业服务总线（ESB），而非模块直接连接和调用。

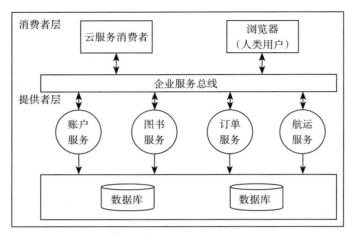

图 2.8　SOA

采用这种机制，我们把整个企业里纷繁复杂的业务逻辑划分成一个个独立的单元，每个单元与其他单元都在统一的通信频道上沟通，可以大大地简化企业内部的复杂 IT 系统架构。以银行业来说，大部分银行的 IT 系统或多或少都有 SOA 体系思想的引入。

2.2.2　微服务架构

1. 为什么要引入微服务架构

（1）企业面临的问题：更新和修复大型整体式应用变得越来越困难；企业被迫将其应用迁移至现代化用户界面架构以便能兼容移动设备；许多企业在 SOA 投资中得到的回报有限，SOA 可以通过标准化服务接口实现能力的重用 [6]，但对于快速变化的需求，受到整体式应用的限制，有时候显得力不从心；随着应用云化的日益普及，基于云端的应用具有与传统 IT 不同的技术基因和开发运维模式。

（2）微服务架构的好处：小范围的、独立的、可扩展的组件能够实现最快的交付和推出市场速度；具有可扩展性，能够实现弹性可伸缩和工作负载编排；具有敏捷性，具有更快的迭代周期，具有边界清晰的上下文（代码与数据）；具有弹性（快速恢复能力），可减少相互依赖性，快速试错。

2. 微服务架构的 7 个原则

（1）清晰定义业务边界：应用程序的模块化梳理是微服务应用设计的最核心要素。从传统瀑布式开发向面向对象开发转型会让很多程序员不太习惯，瀑布式开发流程更多关注实现细节以及功能之间的耦合，是一种自底向上的构建思路。而面向对象开发则相反，它把整个应用程序以对象互动的形式进行高阶设计，对象之间的联动部分以接口的形式体现，每个对象内部的实现细节对外部隐藏，这样进行测试框架的设计以及未来代码的替换会非常容易。微服务架构也一样，微服务之间完全隔离，但是为了避免成千上万个微服务互相编织在一起，在微服务的上层往往需要定义业务域，将不同的微服务放置在不同的业务域中，业务域之间的交互通过一些特定的对外微服务体现。而业务域内部的数据结构、微服务之间的消息结构对业务域之外同样需要做到隐藏。

（2）自动化能力提升：此原则在真实业务场景中至关重要。微服务架构的应用对开发者来说意味着一大堆新框架的引入，而对于运维者来说，最大的挑战就在于自动化运维。微服务的初衷是敏捷，它需要将集群拓扑调整、服务流程变换、持续发布流程、模块的功能性能测试、版本管理、灰度发布等融入自动化框架。手工维护一套复杂的微服务框架，不出错基本是不可能的。所以，想要真正实现微服务框架，运维层面需要有非常健壮的 PaaS 平台。

（3）隐藏实现细节：这个实际上和第一个原则差不多，只不过更强调的是在每个业务域之内的数据结构与代码实现，对于外部的业务域来说要做到完全无感知。一般来说，业务域之间的微服务通信采用标准的 JSON 或 XML 协议进行数据交换，而业务域之内的通信协议则由部门内部自行处理，同时对于数据库的结构必须做到对外完全隐藏。

（4）自治原则：尽可能实现完全自治，不再需要一个中央的负责人或模块统一管理。例如，最简单的资源申请尽可能做到流程自动化，可能最多需要一两道审批工作，不再需要像过去一样，购买一台设备需要耗费数月时间进行审批。可利用自助化服务、共享监管、自助操作、内部开源、智能终端等服务尽可能给予人们自己完成全部工作的自由。

（5）独立部署：在微服务部署的过程中，每个微服务都可以从逻辑到物理与其他微服务完全解耦，运行在完全隔离、只有网络互通的环境中。举例来说，过去我们编写应用程序，依赖包必须存放在指定的目录中，否则 Java 代码可能无法加载。但是在微服务的设计理念中，所有的依赖关系只能通过网络通信，每个微服务内部一定是完备的，不需要与其他任何应用的逻辑产生物理层面的依赖。

（6）故障隔离：在微服务中，成千上万个小的服务通过网络互相编织在一起。编写这些服务代码的可能有年轻的程序员，也可能有资深的程序员，大家对代码严谨性和测试的完备性的理解可能都不大一样。那么，如何避免牵一发而动全身，一点点错误造成整个系统雪崩呢？这就涉及故障隔离。故障隔离可以包括熔断机制，如果流量过高或者有其他异常行为，或者通过现在流行的 AIOps 自动检测到非预期的行为，一方面会产生警告，另一方面会自动将某些模块下线或者降速，以达到故障隔离的目的。而像灰度发布是把新代码和旧代码同时运行一段时间，流量上做到逐步向新代码切换，而不是一刀切全都转移到新代码逻辑上。

（7）可视化监控：可视化监控也是和运维息息相关的。在调试分布式系统应用的过程中，出现任何问题，通过逐个服务查看日志的方式进行故障排查是极其困难的。所以，微服务中所有的监控和日志分析必须做到可视化和可关联，当然，也必须把会话 ID 等关联 ID 在日志中合理体现出来，否则在多个微服务之间进行会话逻辑关联分析会非常困难。

2.3　云数据库与容器化技术

2.3.1　云数据库

大型企业如金融企业和银行等，在下一代微服务架构转型的要求下，要求基础软件和数据平台实现原生的云化。微服务是一种面向服务的、有特定边界的松散耦合的架构，它的特点是，每一个微服务就是一个独立的自治系统，可以不依赖外部组件独立运行；对应用只暴露接口，用户可以灵活地调整每个微服务的使用；业务粒度足够小。

在企业架构"云化"的过程中，数据库的云化是最为重要的一个部分。数据库云平台（dbPaaS）是一类支持弹性扩张、多租户、自我管理，并能够运行在云服务提供商的基础设施（IaaS）之上的数据库管理系统或存储管理系统。

根据 Gartner 报告的预测，数据库云平台市场份额将在 5 年之后翻倍，而 70% 的用户将开始使用数据库云平台。因此，为了满足各类应用程序对数据库云平台的需求，同时为了降低私有云部署中大量不同类型数据存储产品的运维复杂性，数据库的架构演进将是未来十年数据库转型的主要方向之一。

1. 云数据库的技术需求

在业务和应用进行"云化"的过程中，云数据库因为在整体架构中的重要地位，在云化改造中的重要性不言而喻。云数据库的核心需求有以下几点。

（1）弹性扩张能力：数据库容量需要根据业务弹性扩张，以满足不同业务的容量需求。

（2）弹性部署与随需应变能力：除了数据库的存储，其他数据库功能也需要根据应用的需求进行弹性的部署调整。

（3）数据可靠性与服务持续能力：数据的可靠安全、全时在线是所有业务必需的要求。

（4）计算存储分离：将计算和存储资源灵活配置，既可以选择多种计算方式，也可以同时对应多种存储方式，从而满足更多业务需求。

（5）多模式存储能力：结构化、非结构化、半结构化和图等多种类型数据的存储。

（6）自我管理能力：提供零停机维护、持续集成，以及滚动升级能力，提升开发人员效率。

（7）自我监控以及问题修复能力：故障监控和问题修复，降低运维成本。

（8）是否满足特定应用场景：针对特定场景的可插拔组件或工具。

（9）监管与安全：满足监管的要求，保证数据的安全。

云数据库要满足这些技术要求，除了在功能上的具体提升之外，在整体架构上更需要进行升级和"进化"。

2. 云数据库架构方向

云数据库架构是其能否承载应用架构"云化"的关键点，随着技术和业务的发展，云数据库架构出现了几个主要的发展方向。

（1）在 dbPaaS 中，计算 – 存储层分离将成为主流技术方向。通过将协议解析、计算等模块与底层存储解耦，将存储层进行分片以实现存储的弹性水平扩张，同时通过计算层的无状态设计，允许计算层通过增加节点数量线性提升计算能力，以达到整个数据库云平台的弹性水平扩张。

（2）多模架构成为主流趋势，多模架构在一个数据库平台中就可以支持多种存储方式，大大降低了运维和开发的成本。传统数据库中提供了关系型、OO 甚至 XML 等存储引擎，而新一代数据库则提供了 NewSQL、JSON、图、对象存储等多种类型数据的存储引擎。

（3）云数据库平台应提供多种混合模式的数据服务：关系型与非关系型。该模式使用户能够在同一个平台中结合不同数据存储类型的特点，为新一代 IT 应用系统提供混合数据存储解决方案。

（4）更符合微服务业务架构的要求，微服务要求各个服务模块之间尽量松耦合和可独立扩展，因此数据库也同样会针对不同的业务进行不同侧重的配置，无论是传统的"读写分离"还是现在流行的 HTAP 都是围绕这个要求展开的。

2.3.2 容器化技术

容器化技术的出现大大简化了应用开发人员构建底层基础设施的工作。随着业务负载的不断加重，容器化、虚拟化也成为各类在线应用必须具备的能力 [7]。对于分布式数据库，容器化也是提升快速部署、提高运维效率的一个很好的途径。SequoiaDB（巨杉）数据库 3.2.1 版本正式推出了 Docker 容器化部署方案，本节将会基于 SequoiaDB 数据库与 Node.js 的 Docker 镜像搭建一个简易的 Web 服务器。

2.4 大数据平台

大数据平台是指以海量数据存储、计算及不间断流数据实时计算等场景为主的一套基础设施。这套基础设施既可以采用开源平台，也可以采用华为、星环等商业级解决方案；既可以部署在私有云上，也可以部署在公有云上。典型的大数据平台包括 Hadoop系列、Spark、Storm、Flink、Flume 以及 Kafka 等集群。大数据平台具有以下特点：

（1）容纳海量数据。大数据平台利用了计算机集群的存储和计算能力 [8]，不仅在性能上有所提高，对传入的大量数据流，其处理能力也有相应的提高。

（2）速度快。大数据平台结合了列式数据库架构（相对于基于行的非并行处理传统数据库）和大规模并行处理技术，不仅能够大幅提高性能（通常约 100 ～ 1000 倍），还可以实现更低且更透明的定价机制。

（3）兼容传统工具。大数据平台已经过认证，可以兼容传统工具。

（4）提供数据分析功能。大数据平台不仅支持在数秒内准备并加载数据，还支持利用高级算法建立预测模型，轻松部署模型以进行数据库内的计算分析。不仅如此，数据科学家还能够选择使用现有统计软件包和首选语言。

下面分别介绍 Hadoop、Spark、Storm、Flink、Flume 和 Kafka 集群。

2.4.1 Hadoop

Hadoop 是一个由 Apache 基金会开发的分布式系统基础架构，它是一个能够对大量数据进行分布式处理的软件框架，以一种可靠、高效、可伸缩的方式进行数据处理 [9]。用户可以在不了解分布式系统底层细节的情况下开发分布式程序，还能充分利用集群的优势进行高速运算和存储。

Hadoop 实现了一个分布式文件系统 HDFS（Hadoop Distributed File System）。HDFS有高容错性的特点，被设计用来部署在低廉的硬件上，它能够高吞吐量地访问应用程序的数据，适合具有超大数据集的应用程序。HDFS 放宽了 POSIX 的要求，能够以流的形式访问文件系统中的数据。

Hadoop 框架最核心的设计是 HDFS 和 MapReduce。HDFS 为海量数据提供存储，而 MapReduce 为海量数据提供计算。HDFS 存储 Hadoop 集群中所有存储节点上的文件。HDFS 的上一层是 MapReduce 引擎，该引擎由 JobTrackers 和 TaskTrackers 组成。Hadoop 分布式计算平台核心技术包括 HDFS、MapReduce 处理过程，以及数据仓库工具 Hive 和分布式数据库 HBase。

Hadoop 支持任意超大文件存储，其硬件节点可不断扩展，存储成本低，系统设计具有高容错性。对于上层应用，Hadoop 隐藏分布式部署结构，提供统一的文件系统访问接口，应用程序无须知道文件的具体存放位置，使用非常简单。在 Hadoop 中，文件是分块存储的（每块的大小默认为 64MB），不同的块可分布在不同的机器节点上，通过元数据记录文件块位置，应用程序顺序读取各个块。

对应上述 Hadoop 的优势，它也有一些不足。首先，它适合大数据文件保存和分析，不适合小文件，因为分布存储需要从不同的节点读取数据，效率反而没有集中存储高；一次写入多次读取，也不支持文件修改。其次，由于没有索引支持，因此 Hadoop 不支持信息实时检索。再次，Hadoop 是最基础的大数据技术，也是海量数据库技术的底层依托，但其基于文件系统层面提供的文件访问能力不如数据库技术强大。另外，文件系统接口完全不同于传统文件系统，应用程序需要重新开发。

Hadoop 在大数据处理中应用广泛得益于其自身在数据提取、变形和加载（ETL）方面的天然优势。Hadoop 的分布式架构将大数据处理引擎尽可能地靠近存储，相对适用于像 ETL 这样的批处理操作，因为类似这样操作的批处理结果可以直接进行存储。如图 2.9 所示，Hadoop 的 MapReduce 功能实现了将单个任务打碎，并将碎片任务发送到多个节点上，之后再以单个数据集的形式加载到数据仓库里。

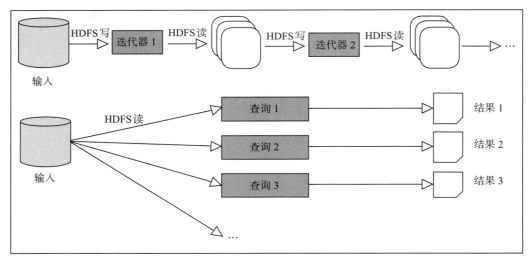

图 2.9　MapReduce 的数据共享机制

2.4.2　Spark

Hadoop 极大地简化了大数据分析，但是，随着大数据需求和使用模式的扩大，用户的需求也越来越多，比如更复杂的多重处理需求（迭代计算），以及低延迟的交互式查询需求（Ad-Hoc Query）等。MapReduce 计算模型的架构导致上述两类应用先天缓慢，用户迫切需要一种更快的计算模型来弥补 MapReduce 的先天不足。

Apache Spark 是专为大规模数据处理而设计的快速通用的计算引擎。它是加州大学伯克利分校的 AMP 实验室所开源的类 Hadoop MapReduce 的通用并行框架，拥有 Hadoop MapReduce 所具有的优点，但不同于 MapReduce。任务的中间输出结果可以保存在内存中，从而不再需要读写 HDFS，因此 Spark 能够更好地适用于需要迭代 MapReduce 算法的数据挖掘和机器学习等领域[10]。

Spark 是一种与 Hadoop 相似的开源集群计算环境，两者之间存在着一些不同之处，这些有用的不同之处使 Spark 在某些工作负载方面表现得更加优异，换句话说，Spark 启用了内存分布数据集，除了能够提供交互式查询外，还可以优化迭代工作负载。

尽管创建 Spark 是为了支持分布式数据集上的迭代作业，但实际上它是对 Hadoop 的补充，可以在 Hadoop 文件系统中并行运行。名为 Mesos 的第三方集群框架可以支持此行为。Spark 是一个通用引擎，可用它来完成各种各样的运算，包括 SQL 查询、文本处理、机器学习等，而在 Spark 出现之前，一般需要使用各种各样的引擎来分别处理这些需求。Spark 的速度很快且支持交互式计算和复杂算法，使 Spark 应用开发者可以专注于应用需要的计算本身。

如图 2.10 所示，Spark 数据共享机制的基本原理是将数据分成小的时间片段（几秒），以类似批量处理的方式来处理这小部分数据。小批量处理的方式使得它可以同时兼容批量和实时数据处理的逻辑与算法，其速度快于网络和磁盘，方便了一些需要历史数据和实时数据联合分析的特定应用场合。

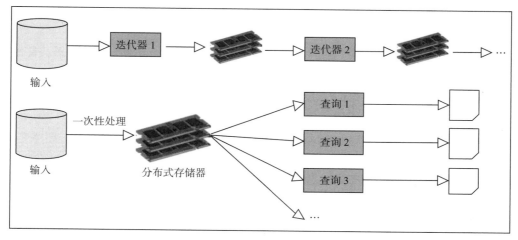

图 2.10　Spark 数据共享机制

2.4.3　Storm

Storm 是一个分布式的、容错的实时计算系统，它由 BackType 开发，被托管在 GitHub 上，遵循 Eclipse Public License 1.0。

Storm 为分布式实时计算提供了一组通用原语，可用于"流处理"中，实时处理消息并更新数据库。这是管理队列及工作者集群的另一种方式。Storm 也可用于"连续计算"中，对数据流做连续查询，在计算时就将结果以流的形式输出给用户。它还可用于"分布式 RPC"，以并行的方式运行复杂的运算。Storm 具有如下特点。

（1）简单的编程模型。类似于 MapReduce 降低了并行批处理复杂度，Storm 降低了进行实时处理的复杂度。

（2）可以使用多种编程语言。Storm 默认支持 Clojure、Java、Ruby 和 Python。要增加对其他语言的支持，只需实现一个简单的 Storm 通信协议即可。

（3）容错性。Storm 会管理工作进程和节点的故障。

（4）水平扩展。计算是在多个线程、进程和服务器之间并行进行的。

（5）可靠的消息处理。Storm 保证每个消息至少能得到一次完整处理。任务失败时，它会负责从消息源重试消息处理。

（6）快速。系统的设计保证了消息能得到快速的处理，使用 ØMQ 作为其底层消息队列。

（7）本地模式。Storm 有一个"本地模式"，可以在处理过程中完全模拟 Storm 集群，这让使用者可以快速进行开发和单元测试。

作为基于数据流的实时处理系统，Storm 提供了大吞吐量的实时计算能力。在一条数据到达系统的时候，系统会立即在内存中进行相应的计算，因此 Storm 适合实时性要求较高的数据分析场景。此外，Storm 支持分布式并行计算，即使海量数据大量涌入，也能得到实时处理。Storm 还具备以下几个优点：低延迟、高可用、分布式、可扩展、数据不丢失，并且提供简单易用的接口，便于开发。相比其他实时处理框架（如 Spark），Storm 的实时性较高，延时低，作为纯实时的计算框架，Storm 的实时计算达到毫秒级。

2.4.4 Flink

Apache Flink（简称 Flink）是由 Apache 软件基金会开发的开源流处理框架，其核心是用 Java 和 Scala 编写的分布式流数据流引擎。Flink 以数据并行和流水线方式执行任意流数据程序，Flink 的流水线运行时系统可以执行批处理和流处理程序。此外，Flink 的运行时本身也支持迭代算法的执行。

Flink 的数据流编程模型在有限和无限数据集上提供单次事件（event-at-a-time）处理。在基础层面，Flink 程序由流和转换组成。Flink 的 API 包括有界或无界数据流的数据流 API、用于有界数据集的数据集 API 和表 API。其编程语言有 Java 和 Scala。

2.4.5 Flume

Flume 是 Cloudera 提供的一个高可用、高可靠、分布式的海量日志采集、聚合和传输系统。Flume 支持在日志系统中定制各类数据发送方，用于收集数据。同时，Flume 提供对数据进行简单处理并写到各种数据接收方（可定制）的能力。Flume 可以将应用产生的数据存储到任何集中存储器中，比如 HDFS 和 HBase。当收集数据的速度超过写入数据的时候，也就是当收集信息遇到峰值时，Flume 会在数据生产者和数据收容器间做出调整，保证其能够在两者之间提供平稳的数据。Flume 可靠、容错性高、可升级、易管理、可定制，并且能够提供上下文路由特征，其管道是基于事务的，保证了数据在传送和接收时的一致性。

除了具备对数据进行简单处理和可定制的功能，Flume 还提供了从 console（控制台）、RPC（Thrift-RPC）、text（文件）、tail（UNIX tail）、syslog（syslog 日志系统）、exec（命令执行）等数据源上收集数据的功能。

2.4.6　Kafka

Kafka 是由 Apache 软件基金会开发的一个开源流处理平台，用 Scala 和 Java 编写。Kafka 是一种高吞吐量的分布式发布订阅消息系统，它可以处理消费者规模的网站中的所有动作流数据。这些数据通常由于吞吐量的要求而通过处理日志和日志聚合来解决。对于像 Hadoop 这样的日志数据和离线分析系统，当要求实时处理时，这是一个可行的解决方案。Kafka 的目的是通过 Hadoop 的并行加载机制来统一线上和离线的消息处理，通过集群来提供实时的消息。

Kafka 以时间复杂度 $O(1)$ 的方式提供消息持久化能力，即使对 TB 数量级的消息存储，也能够保持长时间的稳定性能[11]。Kafka 吞吐量高，即使是非常普通的硬件，也可以支持每秒数百万兆的消息。在支持通过 Kafka 服务器和消费机集群来分区消息的同时，Kafka 也支持 Hadoop 并行数据加载。

作为一个可扩展、高可靠的消息系统，在流处理中，Kafka 经常用来保存收集的流数据，并提供给之后对接的流数据框架进行处理。与大多数消息系统相比，Kafka 具有更好的吞吐量、内置分区、副本和故障转移等功能，这有利于及时处理大规模的消息。

2.5　分布式存储与数据库

2.5.1　分布式对象存储

几年前，云存储（Cloud Storage）还只是专业领域的一个概念，现在云存储已成为司空见惯的一个网络服务，比如在生活中大家经常使用的百度网盘、微软公司的 OneDrive 和苹果公司的 iCloud 等。

云存储是一种在线存储模式，即把数据存放在通常由第三方托管的多台虚拟服务器，而非专属的服务器上。托管公司运营大型的数据中心，用户则通过向其购买或租赁存储空间的方式，来满足数据存储的需求。数据中心运营商根据客户的需求，在后端准备存储虚拟化的资源，并将其以存储资源池的方式提供，客户便可自行使用此存储资源池来存放文件或对象。实际上，这些资源可能分布在众多的服务器主机上。

对象存储是用来描述解决和处理离散单元的方法的通用术语。对象在一个层结构中不具有层级结构，是以扩展元数据为特征的。对象存储是云存储的一部分，它提供了云存储后端的存储服务。云存储是建立在对象存储之上的一个整体的解决方案，除了后端的存储服务之外，它还需要包括各种操作系统和平台上运行的客户端、身份认证、多种管理及监控功能等。

分布式存储是一种数据存储技术，通过网络使用企业中的每台机器上的磁盘空间，并将这些分散的存储资源构成一个虚拟的存储设备，数据分散地存储在企业的各个角落。

分布式对象存储在提升存储系统的扩展性的同时，也以更低的代价提供了数据冗余的能力。因为传统的高端服务器性能强劲，需要较高的成本，很少被用来搭建私有存储。对象存储则以数量弥补质量，用大量低成本的普通 PC 服务器组建网络集群，以此提供服务。相对于传统的高端服务器，同一价格下分布式对象存储提供的服务质量好、性价比高、旧节点的替换和新节点的扩展更加灵活方便。

2.5.2　NoSQL 数据库

现今 NoSQL 数据库的主要流派如图 2.11 所示，其中 50% 的 NoSQL 产品是基于 JSON 的面向文档型数据库。

- 键值存储
- 列式存储
- 文件存储
- 图片存储
- 对象数据库

图 2.11　NoSQL 数据库的主要流派

下面介绍几种主要的 NoSQL 数据库，分别是分布式数据库 HBase、文档型数据库 MongoDB、图数据库 Neo4j 和 JanusGraph。

1. HBase

HBase 的技术架构如图 2.12 所示。对于海量数据表，HBase 具有数据分区功能，能够将一定数量的用户名下的数据表分为多个表分区，而且能够并发读写，并根据数据量增长自动横向扩展分区。HBase 的数据物理存储位置透明，采取主备方式确保可靠存储，可以动态增加数据节点。

HBase 具有许多特点，如数据量非常大、分布式并发处理效率高、易扩展、可动态伸缩、适用于廉价设备集群、适合基于列的读操作，但它并不适合基于行的写操作。

除了不支持基于行的写操作之外，HBase 还有一些缺点，例如不支持多索引、非索引排序性能差、非索引字段查询性能差、缺乏事务功能、依赖控件过多、运维成本高、不适合关系模型数据组织模式等。

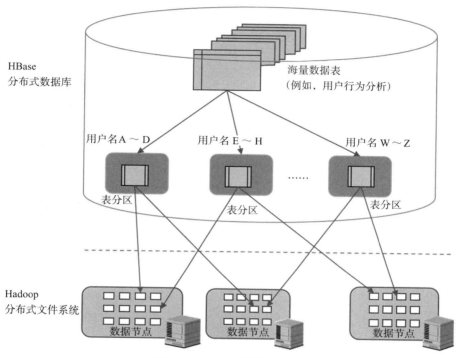

图 2.12 HBase 的技术架构

2. MongoDB

MongoDB 是 NoSQL 数据库中最流行的文档型数据库。它的数据结构为灵活的 BSON（Binary JSON）结构，用户在保存和查询记录时，可以灵活调整每条记录的表结构和数据类型，如图 2.13 所示。

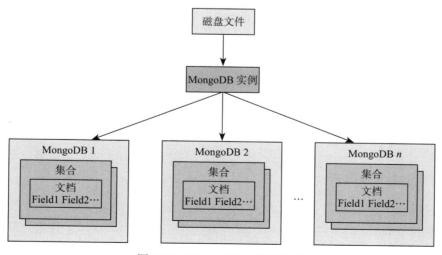

图 2.13 MongoDB 文档型结构

　　MongoDB 是一个介于关系数据库和非关系数据库之间的产品，是非关系数据库当中功能最丰富、最像关系数据库的。它支持的数据结构非常松散，因此可以存储比较复杂的数据类型。MongoDB 最大的特点是它支持的查询语言非常强大，其语法有点类似于面向对象的查询语言，几乎可以实现关系数据库单表查询的绝大部分功能，而且支持对数据建立索引。

3. 图计算

　　图（Graph）是用于表示对象之间关联关系的一种抽象数据结构，使用顶点（Vertex）和边（Edge）进行描述。顶点表示对象，边表示对象之间的关系。图数据是指可抽象成用图描述的数据。图 2.14 表示对象（v1、v2、v3）及对象之间的关系。

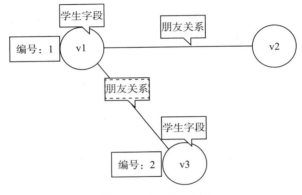

图 2.14　图数据结构

　　图计算是以图作为数据模型来表达问题并解决的过程。以高效解决图计算问题为目标的系统软件称为图计算系统。图计算的使用场景很多，包括商品推荐算法、反欺诈、反洗钱、递归式查询、社交关系等。

　　图数据库是 NoSQL 数据库的一种类型，它应用图形理论存储实体之间的关系信息。最常见的例子就是社交网络中人与人之间的关系。关系数据库用于存储"关系型"数据的效果并不好，其查询复杂、缓慢、超出预期，而图数据库的独特设计恰恰弥补了这个缺陷。

　　Neo4j 是目前最流行的图数据库，提供类 SQL 语法操作数据库，其数据存储在以 Java 编写的嵌入式持久化引擎中。目前提供社区版和企业版。

　　JanusGraph 图数据库是 Apache 基金会下的顶级图数据库，兼容 Gremlin 语法，其最大的特点是持久化存储支持 HBase 和 Cassandra，索引支持保存在 Elastic search 和 Solr 中。

2.5.3　分布式关系数据库

　　传统数据库事务必须获得 SQL 完整支持，并具备 ACID 特性，即原子性（Atomic）、一致性（Consistency）、隔离性（Isolation）与持久性（Durability）[12]。作为一种新技术，分布式关系数据库除了上述特性之外还具备其他一些性质，其前瞻性体现在分布式与扩展性、混合事务／分析处理以及多模数据库引擎与多租户等方面。

分布式关系数据库正在快速发展，其中 SequoiaDB 数据库具有代表性，下面主要对其进行介绍。

SequoiaDB 数据库是一款开源的金融级分布式关系数据库，主要面对高并发联机交易型场景提供高性能、可靠、稳定以及无限水平扩展的数据库服务。SequoiaDB 数据库支持 MySQL、PostgreSQL 与 SparkSQL 三种关系数据库实例和类 MongoDB 的 JSON 文档型数据库实例，以及 S3 对象存储与 Posix 文件系统的非结构化数据实例。

用户可以在 SequoiaDB 数据库中创建多种类型的数据库实例，以满足上层不同应用程序各自的需求。SequoiaDB 数据库可以为用户带来如下价值。

（1）完全兼容传统关系型数据，数据分片对应用程序完全透明。

（2）高性能与无限水平弹性扩展能力。

（3）分布式事务与 ACID 能力。

（4）同时支持结构化、半结构化与非结构化数据。

（5）金融级安全特性，多数据中心间容灾做到 RPO=0。

（6）HTAP 混合负载，同时运行联机交易与批处理任务且互不干扰。

（7）多租户能力，云环境下支持多种级别的物理与逻辑隔离。

SequoiaDB 数据库拥有三大类应用场景，包括联机交易、数据中台和内容管理。当前已经有超过 50 家银行机构与上百家企业级用户在生产环境大规模使用 SequoiaDB 数据库取代传统数据库。SequoiaDB 数据库集群分为数据库存储引擎与数据库实例，其整体架构如图 2.15 所示。

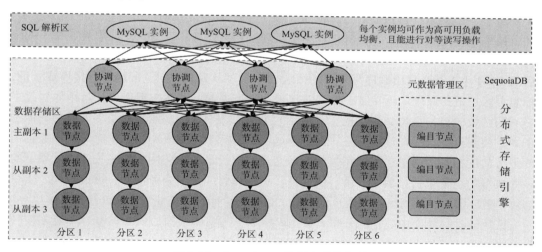

图 2.15　SequoiaDB 数据库整体架构

数据库存储引擎模块是数据存储的核心，负责提供整个数据库的读写服务、数据的高可用与容灾、ACID 与分布式事务等全部核心数据服务能力。SequoiaDB 数据库存储引擎采用分布式架构，集群中的每个节点为一个独立进程，节点之间采用 TCP/IP 进行通信。同一个操作系统可以部署多个节点，节点之间采用不同的端口进行区分。SequoiaDB 数据库的节点分为三种不同的角色：协调节点、编目节点与数据节点。协调节点不存储任何用户数据。作为外部访问的接入与请求分发节点，协调节点将用户请求分发至相应的数据节点，最终合并数据节点的结果应答对外并进行响应。编目节点主要存储系统的节点信息、用户信息、分区信息以及对象定义等元数据。在特定操作下，协调节点与数据节点均会向编目节点请求元数据信息，以感知数据的分布规律和校验请求的正确性。数据节点为用户数据的物理存储节点，海量数据通过分片切分的方式被分散至不同的数据节点。在关系型与 JSON 数据库实例中，每一条记录会被完整地存放在其中一个或多个数据节点中；而在对象存储实例中，每一个文件将会依据数据页大小被拆分成多个数据块，并被分散至不同的数据节点进行存放。

SequoiaDB 数据库的存储引擎与数据库实例均支持水平弹性扩展，任何角色的节点均提供高可用冗余机制，不存在单点故障的可能。用户可以创建不同类型的数据库实例，使应用程序从传统数据库进行无缝迁移，大幅度降低应用程序开发者的学习成本。

2.6　区块链

区块链是信息技术领域的一个术语。从科技层面来看，区块链涉及数学、密码学、互联网和计算机编程等很多科学技术问题。从应用视角来看，简单来说，区块链是一个分布式的共享账本和数据库，具有去中心化、不可篡改、全程留痕、可以追溯、集体维护、公开透明等特点[13]。这些特点保证了区块链的"诚实"与"透明"，为区块链创造信任奠定了基础。而区块链丰富的应用场景，基本上都基于区块链能够解决信息不对称问题，实现多个主体之间的协作信任与一致行动。

区块链起源于比特币，2008 年 11 月 1 日，一位自称中本聪（Satoshi Nakamoto）的人发表了《比特币：一种点对点式的电子现金系统》一文，阐述了基于 P2P 网络技术、加密技术、时间戳技术、区块链技术等电子现金系统的架构理念，这标志着比特币的诞生。两个月后理论步入实践，2009 年 1 月 3 日第一个序号为 0 的创世区块诞生。几天后的 2009 年 1 月 9 日出现序号为 1 的区块，并与序号为 0 的创世区块相连接形成了链，标志着区块链的诞生。近年来，世界对比特币的态度起起落落，但作为比特币底层技术之一的区块链技术日益受到重视。在实际的生产生活中，许多业务涉及多方参与，但由于缺乏共信机制，存在过程冗长、信息不透明、易产生摩擦或纠纷，同时这些业务也需要强可信度控制的资本、资产相关的业务交易，它们最适合应用区块链技术。区块链的一些典型的场景包括：数字货币、信用证、资产托管、代销企业债券、智能合同、支付清算、数字票据、银行征信、资产证券化、供应链金融、银行贷款、P2P 理财等。

区块链是一种去中心化的分布式数据库技术，其整体架构如图 2.16 所示。相对于传统 P2P 网络，区块链能够带来的改变如下。

（1）区块链架构使网络的每一个参与方都具有一个共享的账本，当交易发生时，通过点对点的复制更改所有账本。

（2）使用密码算法确保网络上的参与者仅仅可以看到和他们相关的账本内容，交易是安全的、授权的和经过验证的。

（3）区块链会将数据转移交易相关的合同条款嵌入交易数据库以做到满足条件下交易才发生。

（4）网络参与者基于共识机制或类似的机制来保证交易是共同验证的，且满足政府监管、合规及审计要求。

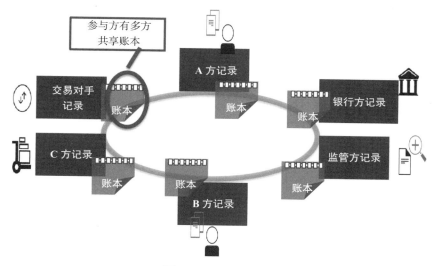

图 2.16　区块链架构

对于多种多样的业务模式，区块链主要解决了信用不连续及信用成本高的问题。区块链技术具有开源、透明的特性，系统的参与方能够知晓系统的运行规则。在区块链技术下，由于每个数据节点都可以验证账本内容和账本构造历史的真实性和完整性，确保交易历史是可靠的、没有被篡改的，相当于提高了系统的可追责性，降低了系统的信任风险。在区块链上，交易被确认的过程就是清算、结算和审计的过程，这相对于金融机构的传统运作模式来说能够节省大量的人力和物力，对优化业务流程、提高机构的竞争力具有相当重要的意义。通过使用区块链技术，信息和价值也能够得到更加严格的保护，能够实现更加高效、更低成本的流动，从而实现价值和信息的共享。同时，区块链技术还具有灵活的架构。根据不同的应用场景和用户需求，区块链技术可以划分为公有链、私有链和联盟链几大类型，可根据机构的实际用途进行选择。除此之外，区块链技术的开放性鼓励创新和协作。通过源代码的开放和协作，区块链技术能够促进不同开发人员、研究人员以及机构间的协作，相互取长补短，从而实现更高效、更安全的解决方案。现在区块链技术已经被视为下一代全球信用认证和价值互联网的基础协议之一，区块链技术对我国金融产业和金融体系的重要性同样不容忽视。

本章小结

本章首先介绍了分布式技术的分类，并对两种分布式服务架构的内容进行了阐述，然后理论联系实际，将云数据库的理论知识与容器化技术的实践部署相结合，接着带领读者了解了当前主流的几种大数据平台，再对分布式存储和数据库进行了探讨，最后介绍了区块链技术。对于理论知识，读者做到熟悉和了解即可。

参考文献

[1]　屠要峰，陈河堆，王涵毅，等 . NUMA 感知的持久内存存储引擎优化设计 [J]. 软件学报，
　　2021，33（3）：891-908.

[2] 陈全，邓倩妮．云计算及其关键技术 [J]．计算机应用，2009，29（9）：2562-2567.

[3] 徐志伟，冯百明，李伟．网格计算技术 [M]．北京：电子工业出版社，2004.

[4] 方秋水，陈卫国，何建兵，等．分布式计算技术在交通一卡通清分管理系统中的应用研究 [J]．计算机应用与软件，2018，35（3）：102-105.

[5] 李董，魏进武．区块链技术原理，应用领域及挑战 [J]．电信科学，2016，32（12）：20-25.

[6] 刘洁．基于 SOA 构建全业务网络 [J]．电信科学，2009，25（3）：103-108.

[7] 武志学．云计算虚拟化技术的发展与趋势 [J]．计算机应用，2017，37（4）：915-923.

[8] 孟小峰，慈祥．大数据管理：概念，技术与挑战 [D]．2013.

[9] 程学旗，靳小龙，王元卓，等．大数据系统和分析技术综述 [J]．软件学报，2014，25（9）：1889-1908.

[10] 宋杰，孙宗哲，毛克明，等．MapReduce 大数据处理平台与算法研究进展 [J]．软件学报，2018，28（3）：514-543.

[11] 杨冬晖．一种分布式消息队列的可靠性研究 [J]．电脑知识与技术：学术版，2015,11(7X)：75-76.

[12] 朱涛，郭进伟，周欢，等．分布式数据库中一致性与可用性的关系 [J]．软件学报，2017，29（1）：131-149.

[13] 李拯．区块链，换道超车的突破口 [J]．一带一路报道，2020，0（1）：15.

课后习题

1. 一台计算机同时有多个处理器运行操作系统的单一副本，并且共享内存和一台计算机的其他资源。系统将任务队列对称地分配到多个 CPU 上，从而极大地提高了系统的数据处理能力。此种操作应用的基本技术包括（   ）。

    A. 并行计算　　　　　　　B. 容器化技术　　　　　　C. SMP 架构　　　　　　D. 集群计算

2. （   ）技术的工作原理是将传统串行计算的子任务及一些不需要前后关联的部分并排放到一起，通过一台计算机中的多个 CPU 或多台服务器各自的 CPU 分别同时进行处理，最后对处理结果用某种方式进行汇总。

    A. 云计算　　　　　　　　B. SOA 服务　　　　　　　C. 并行计算　　　　　　D. 分布式计算

3. （   ）不属于微服务的七大原则。

    A. 自治原则　　　　　　　B. 独立部署　　　　　　　C. 高速计算　　　　　　D. 故障隔离

4. 数据库容量需要根据业务弹性扩展，满足不同业务的容量需求，这属于云数据库的（   ）技术需求。

    A. 弹性扩张能力　　　　　　　　　　　　　　　B. 弹性部署与随需应变能力

    C. 数据可靠性与服务持续能力　　　　　　　　　D. 自我管理能力

5. 巨杉数据库中用来将记录读写请求分发至不同服务器的节点叫作（   ）。

    A. 编目节点　　　　　　　B. 数据节点　　　　　　　C. 管理节点　　　　　　D. 协调节点

6. 巨杉数据库中用来存储系统的节点信息、用户信息、分区信息以及对象定义等元数据的节点叫作（   ）。

    A. 编目节点　　　　　　　B. 数据节点　　　　　　　C. 管理节点　　　　　　D. 协调节点

7. 巨杉数据库中用户数据的物理存储节点叫作（   ）。

    A. 编目节点　　　　　　　B. 数据节点　　　　　　　C. 管理节点　　　　　　D. 协调节点

8. 区块链技术是一种 _____ 化的 _____ 数据库技术。

第3章 分布式数据库理论基础

本章主要介绍分布式数据库的理论基础，从分布式的基础理论、分布式事务分类以及分布式数据库分类三个方面展开介绍。读者能够通过阅读本章了解分布式数据库的一些基本理论知识，例如 CAP 理论、分布一致性理论、两阶段提交等，为后续章节的学习奠定理论基础。本章最后会简要介绍 SequoiaDB 巨杉数据库的主要技术特点及其应用场景。

本章学习目标：

- 掌握 CAP 理论与分布式一致性理论。
- 熟悉两阶段提交和 Google Spanner 架构。
- 掌握分库分表和原生分布式数据库两种体系。
- 了解 SequoiaDB 巨杉数据库。

3.1 分布式的理论基础

3.1.1 CAP 理论

CAP 理论又称 CAP 原则，它是分布式数据库理论的基础，首先我们需要了解 C、A、P 三者分别代表什么内容。

C 代表 Consistency，即数据一致性。在分布式环境下，数据一致性是指数据在多个副本之间能否保持一致。在一致性需求下，当一个系统在数据一致的状态下执行更新操作后，应该保证系统的数据仍然处于一致的状态。对于一个将数据副本分布在不同分布式节点上的系统来说，如果对第一个节点的数据进行更新操作并且更新成功，却没有使第二个节点上的数据得到相应的更新，这时会出现一个问题，在对第二个节点的数据进行读取操作时，获取的依然是脏数据，这就是典型的分布式数据不一致的情况。而在分布式系统中，如果能够做到针对一个数据项的更新操作执行成功后，无论用户执行的合法操作是什么，所有的用户都可以读取到最新的值，那么这样的系统就被认为具有强一致性。

A 代表 Availability，即可用性。可用性是指系统提供的服务必须一直处于可用的状态，对于用户的每一个操作请求总是能够在有限的时间内返回结果。这里的重点是"有限时间内"和"返回结果"。"有限时间内"是指对于用户的一个操作请求，系统必须能够在指定的时间内返回对应的处理结果，如果超过了这个时间范围，那么系统就被认为是不可用的。另外，"有限时间内"是系统设计之初就设计好的运行指标，通常不同系统之间区别较大，对于用户请求，系统必须存在一个合理的响应时间，否则会降低用户对系统的满意度。"返回结果"是可用性的另一个非常重要的指标，它要求系统在完成对用户请求的处理后，返回一个正常的响应结果。正常的响应结果通常能够明确地反映出对请求的处理结果，即成功或失败，而不是一个让用户感到困惑的返回结果。

P 代表 Partition tolerance，即分区容错性。分区容错性约束着分布式系统，该系统具有如下特性：在遇到任何网络分区故障的时候，仍然需要保证对外提供满足一致性和可用性的服务，除非是整个网络环境都发生了故障。网络分区是指在分布式系统中，不同的节点分布在不同的子网络（机房或异地网络）中，由于一些特殊的原因导致这些子网络出现网络不连通的状况，但各个子网络的内部网络是正常的，从而导致整个系统的网络环境被切分成了若干个孤立的区域。需要注意的是，组成一个分布式系统的每个节点的加入与退出都可以看作一个特殊的网络分区。

如图 3.1 所示，在 CAP 理论中，这三个要素最多只能同时实现两点（如 AP、CP、AC），无法同时满足 CAP[1]。比如在某个分布式系统中数据无副本，那么系统必然满足强一致性条件，不会出现数据不一致的情况，此时 C 和 P 两要素具备，但是若系统发生了网络分区状况或者死机，必然导致某些数据不可以访问，此时可用性条件就不能被满足，在此情况下满足了 CP 要素，但是 CAP 未同时满足。

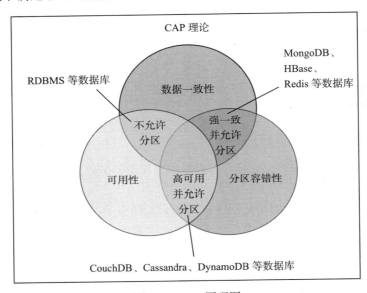

图 3.1　CAP 原理图

在此情况下，进行分布式架构设计时，必须做出取舍。目前大多数分布式架构的解决办法是通过分布式缓存中各节点存储的数据实现最终一致性，从而提高系统的性能。还可以通过使用多节点之间的数据异步复制技术来实现集群化的数据一致性。通常是使用类似 memcached 的 NoSQL 作为实现手段，虽然 memcached 也可以是分布式集群环境的，但是对于一份数据来说，它总是存储在某一台 memcached 服务器上，如果发生网络故障或是服务器死机，则存储在这台服务器上的所有数据都将不可访问。由于数据是存储在内存中的，重启服务器将导致数据全部丢失。

3.1.2　分布式一致性理论

在计算机科学领域，分布式一致性是一个相当重要且被广泛探索与论证的问题，首先来看三种业务场景。

（1）火车站售票。一位旅客去车站的售票处购买车票，如果他选择的目的地是杭州，而某一趟开往杭州的火车只剩下最后一张车票，会出现这样的情况：同一时刻，不同售票窗口的另一位乘客也购买了同一张车票。若售票系统没有进行一致性保障，两人都购票成功了，而在检票口检票的时候，其中一位乘客会被告知他的车票无效。从这个例子中我们可以看出，终端用户对购票系统提出了严格的一致性要求，系统的数据无论在哪个售票窗口，每时每刻都必须是准确无误的。

（2）银行转账。当客户在银行柜台完成转账操作后，转账金额一般会在 N 个工作日后到账，即使转账时间延迟，客户也需要转账金额准确到账，这成了所有用户对于现代银行系统最基本的需求。

（3）网上购物。当客户看见一件库存量为 5 的心仪商品时，会迅速确认购买，写下收货地址，然后下单，但在下单的一瞬间，系统可能会告知该客户："库存量不足"。因为在商品详情页上显示的库存量通常不是该商品的真实库存量，只有在真正下单购买的时候，系统才会检查该商品的真实库存量。

对于上面三个例子，终端用户在使用不同的计算机产品时对数据一致性的需求是不一样的。有些系统既要快速响应用户，同时还要保证系统的数据对任意客户端都是真实可靠的，例如火车站售票系统；有些系统需要为用户保证绝对可靠的数据安全，虽然在操作上存在延时，但最终必须保证严格的数据一致性，例如银行的转账系统；有些系统虽然向用户展示了一些可以说是"错误"的数据，但是在系统使用过程中，一定会在某一个流程对系统数据进行准确无误检查，从而避免用户发生不必要的损失。

在分布式系统中要解决的一个重要问题就是数据的复制。在日常开发中，很多开发人员都遇到过这样的问题：假设客户端 $C1$ 将系统中的一个值 K 由 $V1$ 更新为 $V2$，但客户端 $C2$ 无法立即读取到 K 的最新值，需要在一段时间之后才能读取到，这是由于数据库复制存在延时。

分布式系统对数据的复制需求一般都来自以下两个原因：一是为了增加系统的可用性，以防止单点故障引起的系统不可用；二是提高系统的整体性能，通过负载均衡技术，让分布在不同地方的数据副本都能够为用户提供服务。数据复制在可用性和性能方面给分布式系统带来了巨大的好处，但数据复制所带来的一致性挑战也是每一个系统研发人员不得不面对的。

分布一致性问题是指在分布式环境中引入数据复制机制之后，不同数据节点之间可能出现且无法依靠计算机应用程序自身解决的数据不一致的情况。简单来讲，数据一致性就是指在对一个数据副本进行更新的时候，必须确保能够更新其他的副本，否则不同副本之间的数据将不一致。

因此，如何在保证数据一致性的同时不影响系统运行的性能，是每一个分布式系统都需要重点考虑和权衡的问题。为了解决这一问题，一致性级别由此诞生。

- 强一致性：这种一致性级别是最符合用户直觉的，它要求系统写入与读出的内容必须一致。在强一致性情况下，用户体验好，但实现起来往往对系统的性能有较大影响。
- 弱一致性：这种一致性级别约束了系统在写入成功后，不承诺立即可以读到写入

的值，也不承诺多久之后数据能够达到一致，但会尽可能地保证到某个时间级别
（比如毫秒级别）后，数据能够达到一致状态。

- 最终一致性：它是弱一致性的一个特例，系统会保证在一定时间内能够达到数据
一致状态。它是弱一致性中非常流行的一种一致性模型，也是业界在大型分布式
系统的数据一致性上比较常用的模型。

3.2 分布式事务分类

在分布式系统中，为了保证数据的高可用性，通常会将数据保留多个副本，这些副
本会放置在不同的节点上。这些数据节点可能是物理机器，也可能是虚拟机。为了给用
户提供正确的 CURD（Create、Update、Read、Delete，即创建、更新、读取、删除）语义，
必须保证放置在不同节点上的副本是一致的，这就是分布式事务所需解决的问题。

分布式事务是指发生在多个数据节点之间的事务，分布式事务比单机事务要复杂得
多[2]。在分布式系统中，各个节点之间是相互独立的，需要通过网络进行沟通和协调。
由于存在事务机制，可以保证每个独立节点上的数据操作满足 ACID 性质。但相互独立
的节点之间无法准确地知道其他节点的事务执行情况，所以从理论上来讲，两个节点的
数据无法达到一致的状态。如果想让分布式部署的多个节点中的数据保持一致性，就要
保证在所有节点中数据的写操作，要么全部都执行，要么全部都不执行。由于一台机器
在执行本地事务的时候无法知道其他机器中本地事务的执行结果，因此它也就不知道本
次事务到底应该发送提交请求还是进行回滚。常规的解决办法是引入一个协调者组件来
统一调度所有分布式节点的执行。为了保证数据库性能和数据的一致性，SequoiaDB 分
布式数据库采用了两阶段提交协议（Two Phase Commit Protocol）和 Google Spanner 架构[3]。

3.2.1 两阶段提交协议

大部分关系型数据库通过两阶段提交协议来完成分布式事务，比如在 Oracle 中通过
dblink 方式进行事务处理。两阶段提交协议最早由分布式事务专家 Jim Gray 在 1978 年的
一篇文章" Notes on Database Operating Systems "中提及。两阶段提交协议可以保证数据
的强一致性，即保证分布式事务的原子性[4]。它是协调所有分布式原子事务参与者，并
决定提交或取消（回滚）的分布式算法，同时也是解决一致性问题的算法。2PC 算法能
够解决很多临时性系统故障（包括进程、网络节点、通信等故障），因此被广泛使用，但
它并不能通过配置来解决所有的故障，在某些情况下它还需要人为参与才能解决问题。

顾名思义，两阶段提交分为以下两个阶段：准备阶段（Prepare Phase）和提交阶段
（Commit Phase）。

在两阶段提交协议中，系统一般包含两类角色。一是协调者（Coordinator），通常一
个系统中只有一个。二是参与者（Participant），一般包含多个，在数据存储系统中可以
理解为数据副本的个数。

1. 准备阶段

在准备阶段，协调者将通知事务参与者准备提交或取消事务，写本地的 redo 和 undo

日志，但不提交，然后进入表决过程。在表决过程中，参与者将告知协调者自己的决策：同意（事务参与者本地作业执行成功）或取消（本地作业执行故障），流程如下。

（1）写本地日志"BEGIN_COMMIT"，并进入 WAIT 状态。

（2）向所有参与者发送"VOTE_REQUEST"消息。

（3）等待并接收参与者发送的对"VOTE_REQUEST"的响应，参与者响应"VOTE_ABORT"或"VOTE_COMMIT"消息给协调者。

2. 提交阶段

在该阶段，协调者将基于第一个阶段的投票结果进行决策：提交或取消。当且仅当所有参与者都同意提交事务，协调者才通知所有的参与者提交事务，否则协调者将通知所有的参与者取消事务。参与者在接收到协调者发来的消息后将执行相应的操作，流程如下。

（1）若收到任何一个参与者发送的"VOTE_ABORT"消息，写本地"GLOBAL_ABORT"日志，进入 ABORT 状态，向所有的参与者发送"GLOBAL_ABORT"消息。

（2）若收到所有参与者发送的"VOTE_COMMIT"消息，写本地"GLOBAL_COMMIT"日志，进入 COMMIT 状态，向所有的参与者发送"GLOBAL_COMMIT"消息。

（3）等待并接收参与者发送的对"GLOBAL_ABORT"消息或"GLOBAL_COMMIT"消息的确认响应消息，一旦收到所有参与者的确认消息，写本地"END_TRANSACTION"日志，流程结束。

一般情况下，两阶段提交机制都能较好地运行，但当在事务进行过程中，有参与者死机时，重启以后，可以通过询问其他参与者或协调者，从而知道这个事务是否提交了。当然，这一切的前提是各个参与者在进行每一步操作时都会事先写入日志。

两阶段提交不能解决的困境如下：

- 同步阻塞问题：执行过程中，所有参与节点都是事务阻塞的。当参与者占有公共资源，其他第三方节点访问公共资源时就不得不处于阻塞状态。
- 单点故障：由于协调者的重要性，一旦协调者发生故障，参与者会一直阻塞下去。尤其是在第二阶段，如果协调者发生故障，那么所有的参与者将会处于锁定事务资源的状态中，无法继续完成事务操作；如果是协调者挂掉，可以重新选举一个协调者，但是无法解决因为协调者死机导致的参与者处于阻塞状态的问题。
- 数据不一致：在两阶段提交的第二阶段中，当协调者向参与者发送提交请求之后，发生了局部网络异常，或者在发送提交请求的过程中协调者发生了故障，这会导致只有一部分参与者接到提交请求，而这部分参与者在接到提交请求之后就会执行提交操作，但是其他未接到提交请求的机器则无法执行事务提交，于是整个分布式系统便出现了数据不一致的现象。

3.2.2　Google Spanner 架构

Google Spanner 是一个可扩展的、全球分布式的数据库，由 Google 公司设计、开发和部署。在最高抽象层面，Spanner 就是一个数据库，它把数据分片存储在许多 Paxos 状态机上，这些机器位于遍布全球的数据中心内。复制技术可以用来服务全球可用性和地理局部性，客户端会自动在副本之间进行失败恢复。随着数据的变化和服务器的变化，Spanner 会自动把数据重新进行分片，从而有效应对负载变化和处理失败。Spanner 可以扩展到包括几百万个机器节点、跨越成百上千个数据中心、具备几万亿数据库行的规模。

作为一个全球分布式数据库，Spanner 提供了几个有趣的特性。第一，在数据的副本配置方面，应用可以在很细的粒度上进行动态控制。应用可以详细规定哪些数据中心包含哪些数据、数据与用户的距离（控制用户读取数据的延迟）、不同数据副本之间的距离（控制写操作的延迟）以及需要维护副本的个数（控制可用性和读操作性能）。数据也可以动态和透明地在数据中心之间进行移动，从而平衡不同数据中心内资源的使用。第二，Spanner 有两个重要的特性很难在一个分布式数据库上实现，即 Spanner 提供了读和写操作的外部一致性，以及在一个时间戳下面的跨数据库的全球一致性的读操作。这让Spanner 可以在全球范围内保持数据的一致备份、实现 MapReduce 一致执行和进行原子的 Schema 修改，这些特性保证了 Spanner 可以有序地在世界范围内响应事务处理，即使是分散式的事务。

由于 Spanner 是全球化的，所以有两个其他分布式数据库没有的概念——Universe（宇宙）和 Zones（区域）。

一个 Spanner 部署称为一个 Universe。假设 Spanner 在全球范围内管理数据，那么，将会只有可数的、运行中的 Universe。目前，我们通常可以区分出三种主要类型的Universe：测试 Universe、生产部署 Universe 和线上应用 Universe。

Spanner 被组织成许多个 Zone 的集合，每个 Zone 都类似一个 BigTable 服务器的部署。Zone 是管理部署的基本单元，Zone 的集合也是数据可以被复制到的位置的集合。当新的数据中心加入服务，或者老的数据中心被关闭时，Zone 可以被加入到一个运行的系统中，或者从中移除。Zone 也是物理隔离的单元，在一个数据中心中，可能有一个或者多个Zone，例如，属于不同应用的数据必须被分区存储到同一个数据中心的不同服务器集合中。

图 3.2 中显示了一个在 Universe 中的 Spanner 服务器。一个 Zone 包括一个 zonemaster 和一百至几千个 spanserver。zonemaster 把数据分配给 spanserver，spanserver 把数据提供给客户端，客户端使用每个 zone 上的 location proxy 来定位可以为自己提供数据的 spanserver。universemaster 和 placement driver 当前都只有一个，universemaster 主要是一个控制台，其中显示关于 Zone 的各种状态信息，可以用于相互之间的调试；placement driver 会周期性地与 spanserver 进行交互，发现那些需要被转移的数据，以此来满足新的副本约束条件，或进行负载均衡。

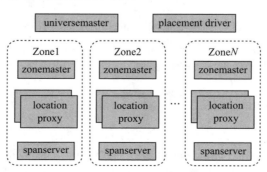

图 3.2　Universe 中的 Spanner 服务器

3.3　分布式数据库分类

3.3.1　分库分表体系

随着互联网的发展，企业级应用待处理的数据量越来越大，这对数据库资源的性能与成本带来了相当大的挑战。为解决这一问题，业界提出了分库分表的技术解决方案。顾名思义，分库分表就是将原先集中在一张表或一个库的数据，按照一定规则进行拆分，将拆分后的数据通过分布式方式存储到多个表上。当数据量增加时，可以通过平行扩展分库和分表的数量来进行系统扩容[5]。当然，任何一种技术都是"双刃剑"，分库分表在解决海量数据存储问题的同时，也引入了数据存储成本控制、数据聚合查询效率、数据一致性保障等方面的问题。

关系型数据库本身比较容易成为系统瓶颈。单机存储容量、连接数、处理能力都有限，当单表的数据量达到 1000 万条或 100GB 以后，由于查询维度较多，即使添加从库、优化索引，做很多操作时性能仍下降严重。此时就要考虑对其进行切分了，切分的目的就在于减少数据库的负担，缩短查询时间。

分布式数据库的核心内容无非就是数据切分（Sharding），以及切分后对数据的定位、整合。数据切分就是将数据分散存储到多个数据库中，使得单一数据库中的数据量变小，通过扩充主机的数量缓解单一数据库的性能问题，从而达到提升数据库操作性能的目的。

根据切分类型，数据切分可以分为两种方式：垂直（纵向）切分和水平（横向）切分。

1. 垂直（纵向）切分

垂直切分通常包括垂直分库和垂直分表两种。垂直分库就是根据业务耦合性，将关联度低的不同表存储在不同的数据库中。做法与将大系统拆分为多个小系统类似，按业务分类进行独立划分。与"微服务治理"的做法相似，每个微服务使用单独的数据库。以零售电商数据库为例，我们可以把与商品相关的数据表拆分成一个数据库，在这些数据表的基础上构建出商品系统。然后把与进销存相关的数据表拆分成另外一个数据库，再构建出仓库系统，如图 3.3 所示。

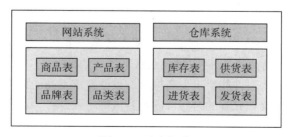

图 3.3　垂直切分

垂直分表基于数据库中的"列"进行，某个表字段较多，可以新建一张扩展表，将不经常用或长度较大的字段拆分到扩展表中。在字段很多的情况下（例如一个大表有100 多个字段），通过"大表拆小表"，更便于开发与维护，也能避免跨页问题，由于MySQL 底层是通过数据页存储的，一条记录占用空间过大会导致跨页，造成额外的性能开销。另外，数据库以行为单位将数据加载到内存中，这使得表中字段长度变短且访问频率变高，内存也能加载更多的数据，提高了命中率，减少了磁盘 IO，从而提升了数据库性能。

2. 水平（横向）切分

当一个应用难以再细粒度地做垂直切分，或切分后数据量行数巨大，存在单库读写和存储性能瓶颈时，就需要进行水平切分。

水平切分分为库内分表和分库分表，它根据表内数据内在的逻辑关系，将同一个表按不同的条件分散到多个数据库或多个表中，每个表中只包含一部分数据，从而使单个表的数据量变少，达到分布式的效果。一般情况下，只有数据量较大的数据表才需进行切分，比如电商系统中的商品表、产品表等，如图 3.4 所示。

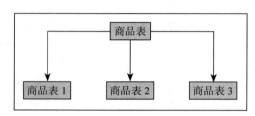

图 3.4　水平切分

库内分表只解决了单一表数据量过大的问题，没有将表分布到不同机器的库上，因此对于减轻 MySQL 数据库的压力来说，帮助不是很大。此外，在库内分表的情况下，各分表还需要竞争同一个物理机的 CPU、内存、网络 IO，因此最好通过分库分表来解决。

分库分表能有效地缓解单机和单库带来的性能瓶颈和压力，突破网络 IO、硬件资源、连接数的瓶颈，但同时也带来了一些问题。

（1）事务一致性问题。

- 分布式事务：当更新内容同时分布在不同的库中时，不可避免地会带来跨库事务问题。跨分片事务也是分布式事务，没有简单的方案，一般可使用"XA（eXtended Architecture，扩展架构）协议"和"两阶段提交"处理。分布式事务能最大限度地保证数据库操作的原子性，但在提交事务时需要协调多个节点，这会导致事务提交时间点推后，整个事务的执行时间延长，从而增加事务在访问共享资源时发生冲突或死锁的可能性。随着数据库节点的增多，这种趋势会越来越严重，最终成为系统在数据库层面上水平扩展的枷锁。

- 最终一致性：那些对性能要求很高但对一致性要求不高的系统，往往不苛求系统的实时一致性，只要在允许的时间段内达到最终一致即可，这种情况下可采用事务补偿的方式进行处理。与事务在执行中发生错误后立即回滚的方式不同，事务补偿是一种事后检查补救措施，一些常见的实现方法有对数据进行对账检查、基于日志进行对比和定期与标准数据来源进行同步等。事务补偿还要结合业务系统来考虑。

（2）跨节点关联查询连接问题。

在进行数据切分之前，系统中很多列表和详情页所需的数据可以通过 sql join（连接）来进行高效查询和组合。而切分之后，数据可能分布在不同的节点上，此时使用 join 会带来很多问题，考虑到性能，应尽量避免使用 join 查询。为解决这个问题可以使用以下方法。

- 全局表：也可看作"数据字典表"，就是系统中所有模块都可能依赖的一些表，为了避免跨库进行 join 查询，可以将这类表在每个数据库中都保存一份。这些数据通常很少会进行修改，所以不需要担心一致性问题。
- 字段冗余：一种典型的反范式设计，利用空间换时间，为了性能而避免使用 join 查询。例如，订单表保存 userId 的时候，也将 userName 冗余保存一份，这样查询订单详情时就不需要再去查询"user 表"。但这种方法的适用场景也有限，适用于依赖字段比较少的情况，并且冗余字段的数据一致性也较难保证。
- 数据组装：在系统层面，分两次查询，在第一次查询的结果集中找出关联数据 id，然后根据 id 发起第二次请求得到关联数据。最后将得到的数据进行字段拼装。
- ER 分片：在关系型数据库中，如果可以先确定表之间的关联关系，并将那些存在关联关系的表记录存放在同一个分片上，那么就能较好地避免跨分片连接问题。在 1:1 或 1:n 的情况下，通常按照主表的 ID 主键切分。如图 3.5 所示，Data Node1 上的 order（订单表）与 orderdetail（订单详情表）可以通过 orderID 进行局部的关联查询，Data Node2 同理。

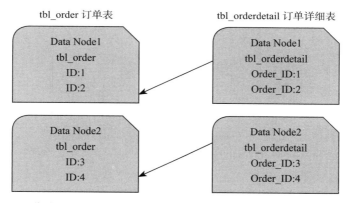

图 3.5　ER 分片。父子关系，orderdetail 表中的 Order_ID 与 order 表中的 ID 主键关联

（3）跨节点分页、排序、函数问题。

在进行跨节点多数据库查询时，会出现 limit 分页、order by 排序等问题。分页需要按照指定字段进行排序，当排序字段就是分片字段时，通过分片规则就比较容易定位到指定的分片。当排序字段非分片字段时，需要先在不同的分片节点中将数据进行排序并返回，然后将不同分片返回的结果集进行汇总并再次排序，最终返回给用户，如图 3.6 所示。

图 3.6 中分页的结果为一页，对性能影响还不是很大。但是如果分页得到的页数很多，情况则变得复杂很多。因为各分片节点中的数据可能是随机的，为了保证排序的准确性，需要将所有节点的前 N 页数据都排好序并将它们合并，最后再进行整体排序，这样的操作会耗费 CPU 和内存资源，因此页数越多，系统的性能会越差。

在使用 Max、Min、Sum、Count 之类的函数进行计算的时候，也需要先在每个分片上执行相应的函数，然后将各个分片的结果集进行汇总并再次计算，最终将结果返回，如图 3.7 所示。

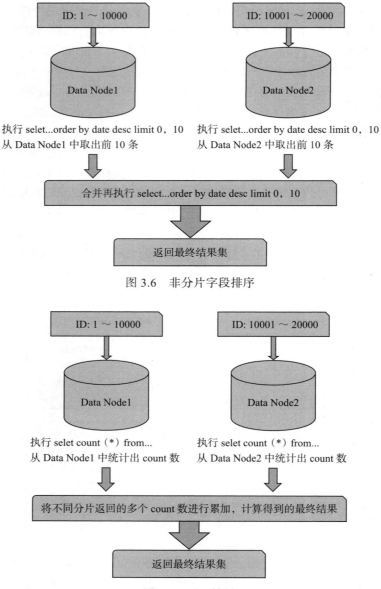

图 3.6　非分片字段排序

图 3.7　返回结果

3.3.2　原生分布式数据库体系

从技术角度来看，分布式数据库解决方案大致可以分为两大类，即分布式数据库中间件和原生分布式数据库 [6]。分布式数据库中间件是架构在多个传统单点数据库系统上的中间层解决方案，将数据拆分到不同的数据库节点上，利用中间件来管理和访问各个数据库中的数据，通常需要用户参与到数据拆分和节点管理过程中。互联网行业最初所使用的分布式数据库方案多是基于中间件的，在解决服务压力问题上也取得了较好的效果，但同时也暴露出了不少问题。

原生分布式数据库从架构设计、底层存储和查询处理等方面均专注于满足分布式数据管理需求，数据库集群作为一个整体对外提供服务，用户无须关注集群内部的实现细节。由于原生数据库系统的开发难度大，最初的版本通常功能简单，限制了其应用的场景。随着版本的不断升级，原生分布式数据库已经展现出了取代分布式数据库中间件的趋势。本节将从数据可靠性、副本同步和服务可用性等几个方面进行分析，对比两种方案的区别。

1. 数据可靠性

几乎所有分布式数据库解决方案都宣称可以在普通 PC 服务器集群上实现比高端共享存储更高的数据可靠性，这一点都是通过数据冗余来实现的，即将数据进行分片，然后将每个分片复制出 n 个副本，并且存储在集群中的 n 个不同节点上，当集群中死机的节点数少于 n 时，总能保证至少有一个副本的数据不会丢失。由于节点死机等原因导致分片副本的数量少于 n 时，需要将副本复制到新节点来保证副本数量。

在分布式数据库中间件方案中，由于底层的每个节点都是一个独立的数据库系统，中间件很难实现分片副本在不同节点间的复制，因此多利用底层数据库的主备同步机制为每个节点配置独立的备份节点。为了实现更好的数据可靠性，通常需要一主两备共三个副本，然而这样会导致服务器的利用率降低和管理的复杂度升高[7]。对于原生分布式数据库系统来说，系统支持数据的自动分片，以及分片副本在集群节点间的自动迁移和复制，实现负载均衡，因此在服务器利用率和管理复杂度上均明显优于中间件方案。

2. 副本同步

多副本技术虽然保证了分布式数据库中的数据可靠性，但同时带来了副本同步的问题，即如何保证数据分片不同副本的同步更新[8]。具体实现副本同步的技术可以分为四类。

（1）更新主副本，同步复制到从副本：数据副本有主从之分，所有的更新发生在主副本，当更新被同步复制到从副本后，更新完成。这种方式可以保证副本间的数据一致性，但更新的性能会受节点间通信影响。

（2）更新主副本，异步复制到从副本：数据副本有主从之分，所有的更新发生在主副本，且即时生效，主副本的更新以异步方式复制给从副本。这种方式的更新性能较好，但不同副本间存在更新延迟，在主副本死机场景下有丢失更新的风险。

（3）并发更新不同副本：数据副本无主从之分，数据更新可以发生在任何副本，并且更新可以以同步或异步方式复制到其他副本。这种方式需要解决不同副本间的更新冲突，即所有存在冲突的更新应当以相同顺序被写入所有的副本中。在更新冲突较少的场景下具有很好的更新性能。

（4）集中保存更新，定期合并副本：数据副本无主从之分，所有的更新都保存在集群中的特定节点上，定期被合并到各个副本中。这种方式易于实现，能够保证副本间的数据一致性，并且更新性能较好，但查询数据时需要将更新与数据副本进行融合。

不同的原生分布式数据库系统根据应用场景的不同，可以选择一种或多种实现技术，而且这些技术的细节对于用户来说是透明的。对于分布式数据库中间件来说，由于数据副本是依赖于底层数据库的主从复制机制实现的，因此只可能采用技术（1）或者（2），并且用户需要对每个节点的主从复制进行配置和监控。

3. 服务可用性

服务可用性是指在一个集群中，即使其中一个或多个节点死机，数据库服务仍然可以保持可用，不会受到影响。在分布式数据库系统中，通常都有管理节点和服务节点两类角色。管理节点负责感知集群中各节点的状态，实现管理数据分布和节点上下线等功能；服务节点中保存数据分片副本，对外提供数据库服务。可承受死机节点的角色和数量是影响分布式数据库可用性的重要因素，一般来说管理节点死机会直接影响服务可用性，而少于数据副本数量的服务节点死机不会影响服务可用性。

在原生分布式数据库系统中，管理节点通常是轻节点，仅需维护数据分布等少量的元数据，通过心跳和租约机制监控集群中其他节点的状态。为了避免管理节点死机造成的单点故障，原生分布式数据库中会部署多个管理节点，然后采用 Paxos 协议来自动选举主管理节点。所有服务节点是对等的，通过心跳机制与主管理节点保持通信。通过向主管理节点注册，可以方便地添加新的节点，从而实现良好的扩展性。在分布式数据库中间件方案中，中间件节点不仅需要维护数据分布等元数据，还需要实现查询解析、查询重写和结果聚合等功能，因此中间件节点可以看成包含管理节点和服务节点功能的复合节点。为了保证服务可用性，早期的中间件通常采用 HA（Highly Available，高可用性）软件来实现中间件节点的容灾，但在实际使用过程中往往暴露出不够稳定的缺点。近年来，也有一些分布式数据库中间件开始将管理功能和服务功能分离成单独的管理节点和中间件节点，然后采用 Paxos 协议来自动选举主管理节点。底层的数据库节点虽然负责存储数据，但并不能直接对外提供服务，必须和中间件节点配合。由于底层数据库节点的容灾依赖于各自的主备同步机制，因此，任何一个数据库节点的主备库同时死机都会导致整个系统的服务不可用。

综合来看，影响分布式数据库中间件服务可用性的因素要比原生分布式数据库更多并且更复杂，需要用户花费更多的精力去配置和管理。

4. 跨节点访问

将数据分片后冗余存储于集群中的各个节点，是分布式数据库实现大规模数据可靠存储的有效手段。然而，当用户需要在一个事务中同时访问位于不同节点上的数据时，如何保证事务的 ACID 特性成为所有解决方案的共同难题。有一些分布式数据库中间件产品建议用户对数据进行划分，避免跨节点访问数据，从一定程度上来缓解这个难题；在无法避免跨节点访问数据时，通过最终一致性和补偿机制来解决。然而，一方面这种思路大幅度增加了用户使用的难度，另一方面，很多场景无法应用最终一致性和补偿机制。

目前，两阶段提交（2PC）协议是公认的解决这一难题的有效手段。2PC 协议是一种阻塞协议，即当事务处理过程中出现协调者故障时，部分参与者的事务会处于未决状态，影响所涉及数据的可用性，必须等待协调者恢复后才能解决[9]。分布式数据库系统中，2PC 协议实现效率和故障恢复机制是影响跨节点事务性能的主要因素。对于原生分布式数据库系统来说，协议通信、日志系统和恢复算法通常是作为一个整体进行规划和实现的，因此比较容易实现一个高效的 2PC 协议机制。也有一些原生分布式数据库产品将基线数据和增量数据分开管理，通过集中进行事务处理，以牺牲单个查询性能的代价，有效地避免了分布式事务。对于分布式数据库中间件来说，底层的节点都是独立的数据库系统，有各自的日志系统和事务处理器制，因此只能在中间件节点上实现 2PC 协议，其实现难度相当于重写一个数据库引擎，所实现的效率也难以与原生数据库相媲美。因此，虽然有部分分布式数据库中间件也提供 2PC 协议支持，但通常不建议用户使用（若使用，用户须自行解决使用过程中的未决事务）。

5. 数据快照

分布式系统中的时间同步是一个难以解决的问题[10]。使用 NTP（Network Time Protocol，网络时间协议）或原子钟对每个节点的时钟进行同步，能够满足对时效性要求不高的应用的需求，但对于毫秒级的交易系统来说，所存在的误差仍然是不可接受的。在分布式数据库系统中，基于各节点的时间来获取一个全局的数据快照是不可行的，存在着数据不一致的风险。通常的解决办法是设置一个全局协调者来为所有的事务分配全局唯一的事务号，这个事务号可以作为一个逻辑时间来使用。

对于原生分布式数据库系统，全局唯一事务号分配机制是集成在事务处理过程中的，并没有额外的处理开销。而对于分布式数据库中间件来说，底层的每个数据库节点都有自己独立的事务处理器制，如果不设置全局协调者来分配全局唯一的事务号，则在不停机的状态下用户无法获取统一的全局数据快照；如果设置全局协调者来分配事务号，一方面会增加额外申请事务号的开销，另一方面还需要对底层数据库节点的事务处理器制进行改造，使其必须按照事务号顺序执行事务，这都会对数据库性能产生极大的影响。

分布式数据库中间件技术是十多年前伴随互联网应用的兴起而发展起来的，帮助很多互联网企业有效地解决了成本控制和应对服务压力等问题，也诞生了很多优秀的中间件产品，但同时也暴露出应用开发的侵入、功能性能受限和管理运维难度大等问题。这是因为此技术是在特定的历史时期利用现有数据库产品来解决问题的一种应用级方案，虽然其中用到了一些数据库实现技术，但本质上并不是一个数据库系统。原生分布式数据库系统是针对大规模数据存储和高并发数据访问而设计的，假以时日，它将会取代中间件成为这一领域的主流技术。

3.4 SequoiaDB 数据库

目前，分布式数据库已经成为数据库应用中的标配，企业应用也多依赖于分布式数据库进行支撑，尤其是当前金融类企业业务都在向微服务架构进行转型，这就给分布式数据库市场带来了更加广泛的应用空间。传统关系型数据库技术储备已经非常成熟，比如针对多线程模型和不同的硬件设备，早已能够通过汇编语言实现线程的切换与调用。而作为国内主要的分布式数据库产品提供商，SequoiaDB 数据库目前在进一步拓展新一代分布式数据库的产品布局，并为众多大型金融类企业的云架构升级提供非常重要的技术支撑。

3.4.1 SequoiaDB 数据库概述

作为新一代分布式数据库，SequoiaDB 数据库的架构与功能在保证与传统数据库完全兼容的基础上，进一步支撑微服务与云计算框架。因此，它在分布式交易及 ACID 属性上与传统技术完全兼容。另外，在面向微服务应用开发与云计算基础架构时，它还提供了弹性扩张、资源隔离、多租户、可配置一致性、多模式（支持各类 SQL 协议）、集群内可配置容灾策略等一系列功能。同时，由于传统单点数据库在容量上存在瓶颈，使得很多用户都有数据迁移的需要，而对于像银行这样的敏感用户，数据迁移将面临很大风险，分布式数据库架构的提出则大大缓解了容量不足的困境。

而这也只不过是分布式数据库所解决的问题之一，更重要的还是为了在微服务化应用开发以及云化平台的趋势下，不再以中间件加数据库的"烟囱式"模式进行构建，而是以大量微服务程序的模式来构建网状模型。分布式数据库需要满足对上层应用的弹性扩展、高并发、高吞吐量与灵活敏捷的需求。作为金融级分布式关系型数据库的代表性产品，SequoiaDB 数据库的分布式数据库架构和面向微服务的云化产品形态，能够很好地满足包括银行在内的大型客户业务系统实现数据库云化转型的升级需要。

3.4.2　SequoiaDB 数据库的主要技术特点

1. 标准 SQL 支持，MySQL 协议级兼容

SequoiaDB 目前支持标准 SQL 的访问，同时还在协议级别完整兼容了 MySQL/PostgreSQL 的语法。SequoiaDB 除了 100% 兼容行业标准的 MySQL、PostgreSQL 以及 SparkSQL 语法及协议外，还提供了类 S3 对象访问以及 Posix 文件系统接口、MongoDB 兼容的原生 JSON 引擎以及深度数据压缩等多项全新功能，可满足传统应用开发人员对于新一代分布式数据库的结构化、半结构化以及非结构化访问方式的需求。

2. 金融级分布式 OLTP

作为一款金融级多模分布式数据库，SequoiaDB 全面支持 MySQL 与 PostgreSQL 语法协议兼容的 OLTP（On-Line Transaction Processing，在线事务处理）。SequoiaDB 使用其自研的开源数据库存储引擎，全面支持 ACID（原子性、一致性、隔离性与持久性）、分布式跨表跨节点事务能力、可配置强一致与最终一致性保证，同时在优化器端支持 CBO（Cost-Based Optimization，基于代价的优化）、多维度数据分区，以及 HTAP（Hybrid Transactional/Analytical Processing，混合事务 / 分析处理）等多种技术特性。

3. 分布式架构

SequoiaDB 数据存储引擎采用原生分布式架构，将数据完全打散在分布式节点间存储，实现自动化数据分布和管理，数据可以按需进行扩展。巨杉数据库通过原生分布式架构，可以轻松实现 PB 级别的数据管理，经实际生产环境测试，可支持超过 1000 个节点的集群。

4. 多模数据引擎

SequoiaDB 具备灵活的数据存储类型，支持非结构化、结构化和半结构化数据全覆盖，实现多模（Multi-Model）数据统一管理。SequoiaDB 采取多引擎的设计，除了记录引擎之外还提供了对象存储引擎。多模引擎设计可以使数据库平台场景多样化，也能满

足云数据架构下对多样化业务数据的统一管理、运维要求。

5. 混合事务 / 分析处理

SequoiaDB 通过对 SQL 的完全支持以及与 Spark 的整合，可以实现混合事务 / 分析处理以及业务应用的弹性开发，以应对更多复杂的应用场景。同时，通过分布式数据库多副本机制，可以将联机交易和离线分析业务划分隔离，实现同一组数据在应对不同类型业务时互不干扰。

6. 数据安全与多活容灾

数据安全保障是金融和其他大型企业用户关心的技术功能之一，"两地三中心"甚至"三地五中心"正在成为金融级数据库的基本要求。SequoiaDB 巨杉数据库把灾备特征融入到产品的基因中，在内核层面实现了多种容灾方式，包括同城双活、同城双中心、同城三中心、两地三中心与三地五中心等容灾策略。利用 SequoiaDB 巨杉数据库的容灾与高可用机制，用户可以确保在数据中心内服务器故障的情况下，实现 RTO（Recovery Time Objective，恢复时间目标）与 RPO（Recovery Point Objective，恢复点目标）均为零，同时，整个数据中心或同城网络发生故障时也可以做到秒级 RTO、RPO=0。巨杉数据库将持续专注于新一代分布式数据库技术的研发与拓展，坚持自主创新，努力打造中国人自己的分布式开源数据库引擎。

3.4.3　SequoiaDB 数据库的应用场景

SequoiaDB 数据库拥有三大类应用场景，分别为联机交易、数据中台和内容管理，下面将简要介绍这三种应用场景。

1. 联机交易

近年来，企业 IT 系统基础逐步转向云化，应用服务形式也从集中式系统转向微服务形式，传统方案中一个应用、一个平台对应一个数据库的方式不再适用。同时，企业服务渠道也从过去的单一渠道，变成传统渠道、互联网渠道和智能终端渠道并存。传统关系型数据库所能提供的最高数据容量、并发支持能力和支持数据类型的多样性都越来越无法满足业务需求，严重制约了企业希望通过系统升级来提高客户服务体验，增强企业差异化竞争优势的发展步伐。

目前，数据服务正处于向微服务架构的转型中，因此，数据库的"资源池化"成了分布式数据库发展的核心需求。分布式联机交易场景也在围绕这一方向进行架构改造升级。随着应用程序从传统烟囱式构建向微服务转型，每一个微服务对应一个独立的数据库已经不可能了。在这种情况下，数据服务资源池必须满足来自不同开发商、不同团队、各具不同开发能力、多样化应用类型以及不同 SLA 安全级别等的各种需求，服务上百、上千个上层应用。因此资源池必须具备可弹性扩张、资源隔离、多租户、可配置一致性、多模式（支持各类 SQL 协议）、集群内可配置容灾策略等一系列功能。

SequoiaDB 巨杉数据库采用计算层与存储层分离的设计。数据库底层存储采用 Raft 算法来实现分布式环境下数据的一致性，同时结合多分区、事务隔离等技术，为用户提供完整的分布式事务功能。计算层是数据库的应用服务接入层，支持多种解析协议，包括 MySQL 协议、PostgreSQL 协议、Spark SQL 协议、Hive SQL 协议、S3 协议、Posix
协议和 API 协议。用户可以根据不同场景，选择使用合适的计算层协议，完成应用服务
开发。SequoiaDB 数据中心如图 3.8 所示。

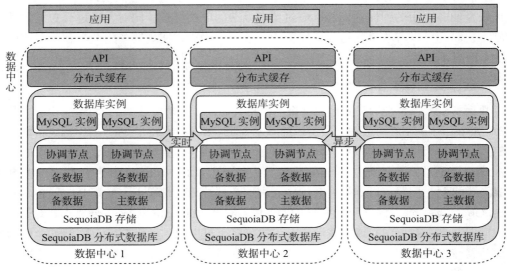

图 3.8　数据中心

2. 数据中台

随着越来越多的企业将数据作为自身宝贵的资产进行长期保留，以及微服务与分布
式技术的不断发展，联机应用程序不再使用"烟囱式"方式构建，而是需要由众多原子
服务组件在一个数据池中进行灵活的数据访问。这使得一些传统联机应用程序的历史数
据包袱越来越重，灵活性大幅下降，导致最终数据库不堪重负、应用整体性能低下。另
外，随着大数据需求的不断增加，曾经已经归档的数据需要重新在线以满足在线化、实
时化使用、查询和分析等要求，这就需要将原有庞大的离线数据进行"在线化"与"服
务化"。这些需求使得数据中台系统成为各大企业 IT 建设与投入的方向。

数据中台方案并非某一种特殊的技术或产品，而是在企业中提供数据整合并对外提供
联机服务的一组数据服务。不同于大数据以面向内部分析统计挖掘为主，数据中台主要面
向外部的最终客户，提供高并发、低延时的联机类业务支持。数据中台体系可以分为四大
部分，包括 ODS 区、贴源数据存储区、数据加工调度区以及对外服务区，如图 3.9 所示。

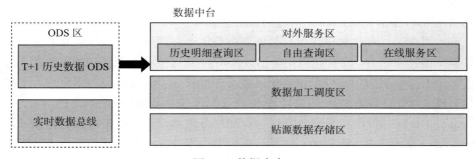

图 3.9　数据中台

ODS 区是数据接入的同步区，它源于各个业务系统，提供最初的数据统一接入（数据准备区），涉及离线数据和（准）实时数据，同时面向后续的数据清洗和加工。

贴源数据存储区存放的是用户的明细数据与原始未加工数据。一般来说，该区域中的数据结构与内容和原始业务系统保持一致，用户可以将该区域用于数据的在线归档服务。

数据加工调度区的作用是将贴源数据进行清洗加工，形成可以直接面向对外联机应用的数据结构。随着应用程序不断迭代变化，数据加工调度区作为原始明细数据与对外应用数据之间的桥梁，屏蔽了外部应用与企业内部数据结构之间的差异，弱化了应用之间数据交换的壁垒。

对外服务区包含应用程序真实访问的业务数据。针对应用程序类型的不同，对外服务区可以分为历史明细查询区、自由查询区以及在线服务区。其中，历史明细查询区可以作为视图映射接口，直接将外部应用对接到创建了合适索引的历史明细数据，使外部应用可以直接对海量历史明细数据进行访问。同时，对于一些需要简单加工的明细数据，也可以通过数据加工调度区梳理后独立存放访问。自由查询区主要面对类似审计后督、自助报表等非固定查询业务。一般来说，提供给自由查询服务的数据往往未经过复杂的数据加工，允许应用直接访问部分原始数据。在线服务区则提供 T+0（准）实时的数据访问能力，其数据源往往直接对接 ODS 层的（准）实时数据同步服务，使应用程序可以通过数据中台（准）实时地访问联机业务系统中的最新数据。

3. 内容管理

目前，影音扫描件数据已经在诸多行业中占据了越发重要的位置。例如，很多银行开设了无人网点，所有的远程柜员服务以及证照身份核实，均需要依赖影像视频扫描件才能够顺利进行。同样，大量互联网 App 需要用户上传身份证照片等信息才能有效核实用户身份。在新的技术趋势下，传统影像图片的存储机制早已不能满足海量且实时高频的非结构化数据读写访问。

与单纯的分布式文件系统或对象存储不同，内容管理系统在存放文件对象之外，还会对每个对象的元数据进行有效管理。同时，它也为非结构化数据的高可用、容灾、批次上传下载、标签、全文检索、生命周期管理、简单的文件加工、转存、断点续传等功能提供完整支撑，如图 3.10 所示。

SequoiaDB 分布式内容管理解决方案提供了可弹性扩张的非结构化数据存储平台，以及包含批次管理、版本管理、生命周期管理、标签管理、模糊检索、断点续传等丰富的元数据管理机制。以基于 Spring-Cloud 框架的微服务架构为基础，SequoiaDB 内容管理解决方案通过可插拔组件与可配置流程，允许用户自由定义不同数据存储容器中对象文件的处理方式。譬如，对于合同扫描件类型的业务，系统可以将 OCR 文字识别模块直接加入非结构化文件处理流程，使所有写入该容器的合同可自动进行文字识别处理，并直接支持针对其内容的全文检索能力。

随着移动化应用在企业中不断普及，越来越多的业务系统需要存储影像扫描件等非结构化数据。在传统技术中，存储设备的容量与带宽往往会成为最大的瓶颈，而使用基于 SequoiaDB 巨杉数据库的分布式内容管理解决方案，用户可以存储近乎无限数量与容量的非结构化数据。

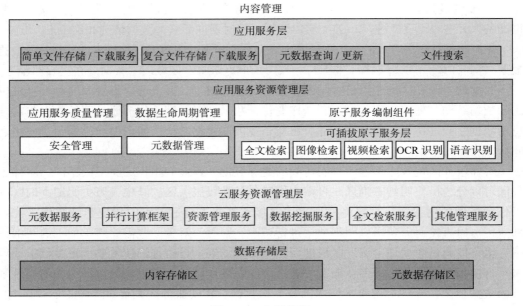

图 3.10   内容管理

本章小结

本章主要介绍了分布式数据库的理论基础，包括分布式的理论基础、分布式事务分类和分布式数据库分类。在分布式的理论基础中，概述了什么是 CAP 原则，什么是分布式一致性，以及如何保证数据的一致性；在分布式事务分类中，读者能够了解两阶段提交以及 Google Spanner 架构的相关知识；在分布式数据库分类中，详细介绍了分库分表体系和原生分布式数据库体系；最后介绍了 SequoiaDB 巨杉数据库的主要技术特点及其应用场景。

参考文献

[1]　姬晓涛，刘建华 . 基于 CAP 理论的区块链共识机制的分析 [J]. 计算机与数字工程，2020，48（12）：3008-3011，3026.

[2]　庄琪钰，李彤，卢卫，等 . Harp：面向跨空间域的分布式事务优化算法 [J]. 大数据，2023，9（4）：16-31.

[3]　黄纯悦，彭起，张拂晓，等 . 多副本分布式事务处理关键技术及典型数据库系统综述 [J]. 软件学报，2023，35（1）：455-480.

[4]　方意，朱永强，宫学庆 . 微服务架构下的分布式事务处理 [J]. 计算机应用与软件，2019，36（1）：152-158.

[5]　谢振华 . 基于分布式的数据库分库与分表策略研究 [J]. 电脑知识与技术：学术版，2020，16（14）：60.

[6]　李国良，周煊赫，孙佶，等 . 基于机器学习的数据库技术综述 [J]. 计算机学报，2020，43

（11）：2019-2049.

[7]　李丹，刘方明，郭得科，等 . 软件定义的云数据中心网络基础理论与关键技术 [J]. 电信科学，2014，30（6）：48-59.

[8]　黄纯悦，彭起，张拂晓，等 . 多副本分布式事务处理关键技术及典型数据库系统综述 [J]. 软件学报，2023，35（1）：455-480.

[9]　于红，高艳萍，郭连喜 . 改进的两阶段提交协议 [D]. 2005.

[10]　欧阳珣，李榕 . 分布式容错系统的同步化策略 [J]. 计算机系统应用，2000，9（2）：23-25.

课后习题

1. CAP 理论中的 C、A、P 分别代表什么？

2. 什么是分布一致性，一致性分为哪三种级别？

3. 两阶段提交分为哪两个阶段？两阶段提交不能解决的问题有哪些？

4. Spanner 提供了哪些有趣的特性？

5. 请简述什么是分库分表，以及分库分表带来了哪些问题。

6. 原生分布式数据库与分布式数据库中间件有什么区别？

7. SequoiaDB 巨杉数据库的主要技术特点有哪些？

8. 请简要介绍 SequoiaDB 巨杉数据库的三大应用场景。

第4章　分布式数据库架构

本章主要从 SequoiaDB 巨杉数据库的架构、SequoiaDB 巨杉数据库的安装部署、分布式数据库实例创建、数据库基本操作以及数据库事务能力五个方面介绍分布式数据库架构。通过阅读本章，读者能够了解 SequoiaDB 巨杉数据库的架构以及基本操作，为读者快速入门进行实战建立基础。

本章学习目标：
- 了解 SequoiaDB 巨杉数据库的架构。
- 能够在本地安装部署客户端进行操作。
- 掌握 SequoiaDB 巨杉数据库的基本操作。
- 掌握 SequoiaDB 巨杉数据库中的事务操作。

4.1　计算存储分离体系结构

4.1.1　整体架构

SequoiaDB 巨杉分布式数据库由数据库存储引擎与数据库实例两大模块构成，如图 4.1 和图 4.2 所示。

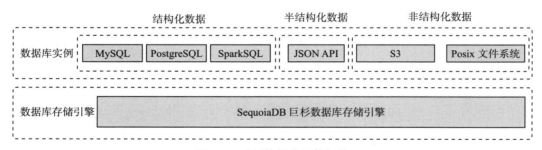

图 4.1　巨杉数据库整体架构

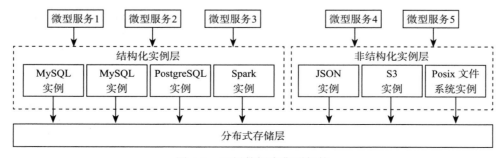

图 4.2　巨杉数据库集群架构

　　在 SequoiaDB 巨杉分布式数据库中，每一次操作都是由多个微服务构成的，微服务通过数据库实例模块找到对应的实例，向其提交微服务操作。实例模块将提交获得的操作进行转换，存储到分布式存储层（数据库存储引擎模块）中。

　　数据库实例模块则作为协议与语法的适配层，用户可根据需要创建包括 MySQL、PostgreSQL 和 SparkSQL 在内的结构化数据实例，支持 JSON 语法的 MongoDB 实例以及完全兼容 S3 与 Posix 文件系统的对象存储实例。目前，SequoiaDB 巨杉数据库支持多达 6 种不同的数据库实例，包括针对结构化数据的 MySQL、PostgreSQL 与 SparkSQL 实例；针对半结构化数据的 JSON API 实例；以及针对非结构化数据的 S3 对象存储与 Posix 文件系统实例，详见表 4.1。

表 4.1　支持的数据库实例

实例类型	实例分类	描述
MySQL	结构化数据	适用于纯联机交易场景，与 MySQL 保持 100% 兼容
PostgreSQL	结构化数据	适用于联机交易场景与中小量数据的分析类场景，与 PostgreSQL 基本保持兼容
SparkSQL	结构化数据	适用于海量数据的统计分析类场景，与 SparkSQL 保持 100% 兼容
JSON API	半结构化数据	适用于基于 JSON 数据类型的联机业务场景，与 MongoDB 保持部分兼容
S3 对象存储	非结构化数据	适用于对象存储类的联机业务与归档类场景，与 S3 保持 100% 兼容
Posix 文件系统	非结构化数据	适用于使用传统文件系统向分布式环境迁移的业务场景，与标准 Ext3/XFS 等基本保持兼容

　　数据库存储引擎模块是数据存储的核心，负责提供整个数据库的核心数据服务[1]，例如，读写服务、数据高可用与容灾服务、ACID 与分布式事务服务等。数据库存储引擎中包括协调节点、编目节点与数据节点三种类型的节点。数据节点与编目节点各自以多副本的形式构成一个个复制组。数据库存储引擎与数据库实例均支持水平弹性扩展，任何角色的节点均提供高可用冗余机制，不存在单点故障的可能，为用户的数据安全提供了可靠保障。如图 4.3 所示为数据库主中心与灾备中心模型图。

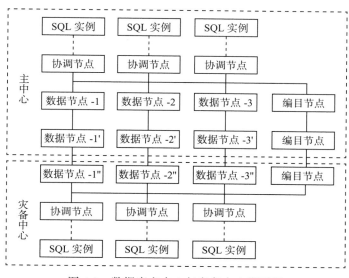

图 4.3　数据库主中心与灾备中心模型图

用户可以通过 SequoiaDB 巨杉数据库创建不同类型的数据库实例，使应用程序从传统数据库无缝迁移至巨杉数据库，大幅降低应用程序开发者的学习难度和开发成本。

4.1.2　数据库存储引擎

SequoiaDB 巨杉数据库存储引擎采用分布式架构。集群中的每个节点为一个独立进程，节点之间采用 TCP/IP 进行通信。同一个操作系统可以部署多个节点，节点之间采用不同的端口进行区分。数据库的节点类型如图 4.4 所示。

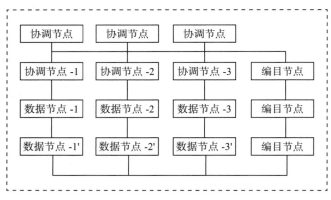

图 4.4　巨杉数据库存储引擎

（1）协调节点。协调节点内不存储任何用户数据，仅作为外部访问的接入与请求分发节点。协调节点将用户请求分发至相应的数据节点，最终合并数据节点的结果对外进行响应。

（2）编目节点。编目节点主要存储系统的节点信息、用户信息、分区信息以及对象定义等元数据。在指定操作下，协调节点与数据节点均会向编目节点请求元数据信息，以感知数据的分布规律和校验请求的正确性。

（3）数据节点。数据节点为用户数据的物理存储节点，海量数据通过分片切分的方式被分散至不同的数据节点 [2]。在数据节点中，存在两种类型的数据存储方式，分别是记录型数据和文件型数据。在关系型与 JSON 数据库实例中，每一条记录型数据会被完整地存放在其中一个或多个数据节点中。记录型数据在巨杉数据库中以 data 结尾，每个记录型数据都由四个部分构成——文件头、空间管理段、数据段管理和集合空间元数据，如图 4.5 所示。

图 4.5　记录型数据

空间管理段负责维护空间数据页间的关系。数据段管理负责控制数据段之间的管理关系。集合空间元数据负责管理这一集合下所存储的数据，包含这一集合内所存储表的内容以及起始信息等[3]。在对象存储实例中，每一个文件型数据在巨杉数据库中以 LOB 后缀结尾，LOB 文件由 LOBM 和 LOBD 组成，LOBM 中存储的是 LOBD 中数据的位置信息；而 LOBD 中存储的则是拆分后的文件块具体数据，如图 4.6 所示。这些文件型数据依据数据页大小被拆分成多个数据块并被分散至不同的数据节点进行存放。

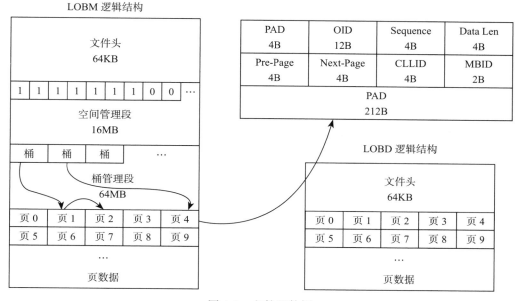

图 4.6　文件型数据

4.2　分布式数据库引擎安装部署

4.2.1　安装部署综述

为了更好地进行安装部署，首先需要了解 SequoiaDB 数据库的典型部署方式，如图 4.7 所示。

SequoiaDB 数据库通常由三个数据节点组成一个数据复制组。在图 4.7 中，192.168.1.1、192.168.1.2、192.168.1.3、192.168.1.4、192.168.1.5、192.168.1.6 六台服务器提供了六个数据复制组，每组主从节点之间的数据相互同步。剩余的两个编目节点组与接入节点组由于不会存储过多的数据，因此没有强制要求对应服务器，可以选择一台服务器也可以随机选择多台服务器进行部署。

SequoiaDB 数据库的安装部署有两种方式：命令行（手工）安装与可视化（自动）安装。

命令行安装是通过 SequoiaDB Shell 运行 Javascript 命令，逐步搭建环境。使用命令行安装要求用户对 SequoiaDB 集群的组成及运行机制有比较深入的认识。

可视化安装是在 Web 端通过引导页面逐步引导用户搭建环境。目前，可视化安装可以给用户带来更加便利的安装部署方式。此外，使用可视化安装后，用户还可以在

Web 端实时操作、监控和管理整个集群。本书更推荐用户通过可视化的安装方式完成 SequoiaDB 的安装部署。

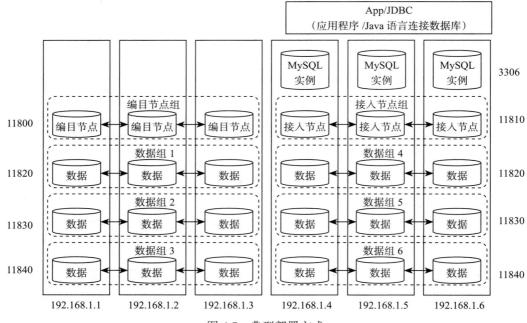

图 4.7　典型部署方式

4.2.2　推荐硬件配置

为了更好地运行 SequoiaDB，首先需要确认自己的系统硬件是否满足以下要求。

1. 硬件要求

硬件要求如表 4.2 所示。

表 4.2　硬件要求

需求项	要求	建议
CPU	• x86（Intel Pentium、Intel Xeon 和 AMD）32 位 Intel 和 AMD 处理器 • x64（64 位 AMD64 和 Intel EM64T 处理器） • PowerPC 7 或者 PowerPC 7+ 处理器	建议采用 X64（64 位 AMD64 和 Intel EM64T 处理器）或者 PowerPC 处理器
磁盘	至少 20GB 空间	建议大于 100GB 磁盘空间
内存	至少 1GB	大于 2GB 物理内存
网卡	配备至少 1 张网卡	建议至少配置 1GB 网卡

2. 操作系统要求

要求使用 Linux 类型的系统，具体为：

- Red Hat Enterprise Linux (RHEL) 6
- Red Hat Enterprise Linux (RHEL) 7
- SUSE Linux Enterprise Server (SLES) 11 Service Pack 1

- SUSE Linux Enterprise Server (SLES) 11 Service Pack 2
- SUSE Linux Enterprise Server (SLES) 12 Service Pack 1
- Ubuntu 12.x
- Ubuntu 14.x
- Ubuntu 16.x
- CentOS 6.x
- CentOS 7.x

3. 软件要求

（1）配置主机名。

1）对于使用 SUSE 操作系统的用户：

- 使用 root 权限登录，执行 hostname sdbserver1（sdbserver1 为主机名称，可根据需要进行修改）：

  $ hostname sdbserver1

- 打开 /etc/HOSTNAME 文件：

  $ vi /etc/HOSTNAME

- 修改文件内容，配置为主机名称 sdbserver1（主机名称）：

  sdbserver1

- 按 wq 保存退出。

2）对于使用 RedHat 操作系统的用户：

- 使用 root 权限登录，执行 hostname sdbserver1（sdbserver1 为主机名称，可根据需要修改）：

  $ hostname sdbserver1

- 对于 RedHat7 以下的系统，打开 /etc/sysconfig/network 文件：

  $ vi /etc/sysconfig/network

  如果是 RedHat7 系统，则打开 /etc/hostname 文件：

  $ vi /etc/hostname

- 将 HOSTNAME 一行修改为 HOSTNAME=sdbserver1（其中 sdbserver1 为新主机名）：

  HOSTNAME = sdbserver1

- 按 wq 保存退出。

3）对于使用 Ubuntu 操作系统的用户：

- 使用 root 权限登录，执行 hostname sdbserver1（sdbserver1 为主机名称，可根据需要修改）：

  $ hostname sdbserver1

- 打开 /etc/hostname 文件：

  $ vi /etc/hostname

- 修改文件内容，配置为主机名称：sdbserver1

  sdbserver1

- 按 wq 保存退出。

（2）配置主机名 IP 地址映射。

1）使用 root 权限，打开 /etc/hosts 文件：

$ vi /etc/hosts

2）修改 /etc/hosts，将服务器节点的主机名与 IP 映射关系配置到该文件中：

192.168.20.200 sdbserver1

192.168.20.201 sdbserver2

192.168.20.202 sdbserver3

3）保存退出。

4）验证：使用 ping 命令确认本机（主机）与远程主机可以连通：

ping sdbserver1

ping sdbserver2

（3）配置防火墙。

1）当使用 RedHat 操作系统时，命令行输入：

service iptables stop

chkconfig iptables off

2）当使用 Ubuntu 操作系统时，命令行输入：

　ufw disable

3）当使用 SUSE 操作系统时，命令行输入：

SuSEfirewall2 stop

chkconfig SuSEfirewall2_init off

chkconfig SuSEfirewall2_setup off

（4）进行防火墙验证。

1）当使用 RedHat 操作系统时，命令行输入：

service iptables status

2）当使用 Ubuntu 操作系统时，命令行输入：

ufw status

3）当使用 SUSE 操作系统时，命令行输入：

chkconfig -list | grep fire

4.2.3　Linux 环境配置

为了能够更好地使用 SequoiaDB 巨杉数据库，建议按照下述操作和步骤对 Linux 系统进行环境配置。

1. 调整 unlimit

（1）在配置文件 /etc/security/limits.conf 中设置：

#<domain>	<type>	<item>	<value>
*	soft	core	0
*	soft	data	unlimited
*	soft	fsize	unlimited

| * | soft | rss | unlimited |
| * | soft | as | unlimited |

其中，

- core：数据库出现故障时产生 core 文件用于故障诊断，生产系统中建议关闭该文件。
- data：数据库进程所允许分配的数据内存大小。
- fsize：数据库进程所允许寻址的文件大小。
- rss：数据库进程所允许的最大常驻集大小。
- as：数据库进程所允许的最大虚拟内存寻址空间限制。

（2）在配置文件 /etc/security/limits.d/90-nproc.conf 中设置，每台作为数据库服务器的机器都需要进行配置，并且在更改配置后需要重新登录才能使配置生效：

| #<domain> | <type> | <item> | <value> |
| * | soft | nproc | unlimited |

其中，

- nproc：数据库所允许的最大线程数限制。

2. 调整内核参数

（1）使用下列命令输出当前 vm 配置，并将其归档保存：

cat /proc/sys/vm/swappiness

cat /proc/sys/vm/dirty_ratio

cat /proc/sys/vm/dirty_background_ratio

cat /proc/sys/vm/dirty_expire_centisecs

cat /proc/sys/vm/vfs_cache_pressure

cat /proc/sys/vm/min_free_kbytes

cat /proc/sys/vm/overcommit_memory

cat /proc/sys/vm/overcommit_ratio

（2）添加下列参数至 /etc/sysctl.conf 文件，调整内核参数：

vm.swappiness = 0

vm.dirty_ratio = 100

vm.dirty_background_ratio = 40

vm.dirty_expire_centisecs = 3000

vm.vfs_cache_pressure = 200

vm.min_free_kbytes = < 物理内存大小的 8%，单位 KB。最大不超过 1GB。>

vm.overcommit_memory = 2

vm.overcommit_ratio = 85

（3）执行如下命令，使配置生效：

$ /sbin/sysctl -p

（4）对 SSD 建议调整预读大小和块层读写请求数：

1）确定块设备，假设当前环境存在 sd[a ～ l]12 块设备：

ls /sys/block/

sda sdb sdc sdd sde sdf sdg sdh sdi sdj sdk sdl

2）确定磁盘是不是 SSD：

建议使用 fio 测试块设备的随机读写的 IOPS（我们希望采用的 SSD 有上万的 IOPS），或者咨询系统管理员。

fio-filename=/data/disk_ssd2/test-direct=1-iodepth 1-thread-rw=randrw -rwmixread=70-ioengine=psync-bs=4k-size=500G-numjobs=50-runtime=180 -group_reporting-name=ranrw_70read_4k_local

randrw_70read_4k_local:(g=0):rw=randrw,bs=(R)4096B-4096B,(W)4096B-4096B,(T)4096B-4096B,ioengine=psync,iodepth=1

…

fio-3.7

Starting 50 threads

randrw_70read_4k_local: Laying out IO file (1 file / 512000MiB)

randrw_70read_4k_local: Laying out IO file (1 file / 512000MiB)

Jobs:50(f=50):[m(50)][100.0%][r=103MiB/s,w=44.0MiB/s][r=26.4k,w=11.5k IOPS] [eta 00m:00s]

randrw_70read_4k_local:(groupid=0,jobs=50):err=0:pid=1322291:Thu Oct24 12:01:56 2019

这里可以看到当前场景下，读的 IOPS 为 26 700。

read: IOPS=26.7k, BW=104MiB/s (109MB/s)(18.4GiB/180004msec)

clat (usec): min=33, max=6654, avg=1386.15, stdev=1112.59

lat (usec): min=33, max=6654, avg=1386.30, stdev=1112.59

clat percentiles (usec):

|1.00th=[135], 5.00th=[149], 10.00th=[159], 20.00th=[178],

| 30.00th=[212], 40.00th=[469], 50.00th=[1663], 60.00th=[1926],

| 70.00th=[2147], 80.00th=[2474], 90.00th=[2802], 95.00th=[3032],

| 99.00th=[3752], 99.50th=[4228], 99.90th=[4817], 99.95th=[5014],

| 99.99th=[5276]

bw (KiB/s): min= 1776, max=2632, per=2.00%, avg=2138.01, stdev=101.57, samples=17964

iops: min= 444, max= 658, avg=534.47, stdev=25.39, samples=17964

这里可以看到当前场景下，写的 IOPS 为 11 500。

write: IOPS=11.5k, BW=44.8MiB/s (46.0MB/s)(8064MiB/180004msec)

clat (usec): min=29, max=5153, avg=1122.50, stdev=1030.29

lat (usec): min=29, max=5153, avg=1122.73, stdev=1030.29

clat percentiles (usec):

|1.00th=[38], 5.00th=[45], 10.00th=[48], 20.00th=[55],

| 30.00th=[61], 40.00th=[77], 50.00th=[1467], 60.00th=[1762],

| 70.00th=[1958], 80.00th=[2180], 90.00th=[2442], 95.00th=[2606],

| 99.00th=[2835], 99.50th=[2933], 99.90th=[3097], 99.95th=[3163],

| 99.99th=[3326]

bw (KiB/s): min=528, max= 1368, per=2.00%, avg=917.29, stdev=96.92, samples=17964

iops: min= 132, max= 342, avg=229.30, stdev=24.23, samples=17964

lat (usec)　: 50=3.90%, 100=9.07%, 250=25.19%, 500=4.08%, 750=1.97%

lat (usec)　: 1000=1.10%

lat (msec)　: 2=20.66%, 4=33.52%, 10=0.51%

cpu: usr=0.31%, sys=1.88%, ctx=13575553, majf=1, minf=5

IO depths: 1=100.0%, 2=0.0%, 4=0.0%, 8=0.0%, 16=0.0%, 32=0.0%, >=64=0.0%

submit: 0=0.0%, 4=100.0%, 8=0.0%, 16=0.0%, 32=0.0%, 64=0.0%, >=64=0.0%

complete: 0=0.0%, 4=100.0%, 8=0.0%, 16=0.0%, 32=0.0%, 64=0.0%, >=64=0.0%

issued rwts: total=4811226,2064291,0,0 short=0,0,0,0 dropped=0,0,0,0

latency: target=0, window=0, percentile=100.00%, depth=1

Run status group 0 (all jobs):

READ: bw=104MiB/s (109MB/s), 104MiB/s-104MiB/s (109MB/s-109MB/s), io= 18.4GiB (19.7GB), run=180004-180004msec

WRITE: bw=44.8MiB/s (46.0MB/s), 44.8MiB/s-44.8MiB/s (46.0MB/s-46.0MB/s), io= 8064MiB (8455MB), run=180004-180004msec

Disk stats (read/write):

sdh:ios=4806033/2062158, merge=0/35, ticks=1475846/96883, in_queue=1572092, util= 99.66%

3）调整 SSD 预读大小和块层读写请求数（前一步执行完毕后再执行本步骤）：

vi /etc/profile

修改第一块 SSD 配置，这里的 sdg 是前面确定的 SSD 设备：

echo 32 >/sys/block/sdg/queue/read_ahead_kb

echo 256 >/sys/block/sdg//queue/nr_requests

修改第二块 SSD 配置，这里的 sdh 是前面确定的 SSD 设备：

echo 32 >/sys/block/sdh/queue/read_ahead_kb

echo 256 >/sys/block/sdh//queue/nr_requests

3. 关闭 transparent_hugepage

（1）编辑 /etc/rc.local，在第一行 "#!/bin/sh" 的下一行添加如下两行内容：

echo never > /sys/kernel/mm/transparent_hugepage/enabled

echo never > /sys/kernel/mm/transparent_hugepage/defrag

（2）执行如下命令，使配置生效：

source /etc/rc.local

（3）检查是否成功关闭 transparent_hugepage。分别执行如下两条命令，如果输出结果中都有 "[never]" 则表示成功关闭了 transparent_hugepage，如果有 "[never]" 并且有 "[always]" 或者 "[madvise]" 则表示关闭失败：

cat /sys/kernel/mm/transparent_hugepage/enabled

cat /sys/kernel/mm/transparent_hugepage/defrag

Linux 系统默认开启 NUMA，NUMA 默认的内存分配策略是优先在进程所在 CPU 节点的本地内存中进行分配，这样会导致 CPU 节点之间内存分配不均衡。比如当某个 CPU 节点的内存不足时，会产生 swap 分区，而不是在远程节点上分配内存，即使另一个 CPU 节点有足够的物理内存。这种内存分配策略的初衷是让内存更接近需要它的进程，不适合数据库这种大规模使用内存的应用场景，不利于充分利用系统的物理内存。因此我们建议用户在使用 SequoiaDB 时关闭 NUMA。

关闭 Linux 系统的 NUMA 的方案主要有两种，一种是通过 BIOS 禁用 NUMA⊖，另一种是修改 grub 的配置文件⊜。CentOS、SUSE、Ubuntu 的 grub 配置文件有差异，同一款 Linux 不同版本的配置也略有不同。此处以 CentOS 6.4（SUSE 和 CentOS 上的修改方法类似）和 Ubuntu 12.04 为例，介绍通过修改 grub 文件关闭 NUMA 的方式，以供读者参考。

（1）修改 CentOS 6.4 的 grub 配置文件。

以 root 权限编辑 /etc/grub.conf，找到"kernel"引导行，该行类似如下（不同版本的内容略有差异，但开头都有"kernel/vmlinuz-"）：

kernel /vmlinuz-2.6.32-358.el6.x86_64 ro root=/dev/mapper/vg_centos64001-lv_rootrd_NO_LUKSrd_LVM_LV=vg_centos64001/lv_rootrd_NO_MD rd_LVM_LV=vg_centos64001/lv_swap crashkernel=128M LANG=zh_CN.UTF-8 KEYBOARDTYPE=pc KEYTABLE=us rd_NO_DM rhgb quiet

（2）修改 Ubuntu 12.04 的 grub 文件。

以 root 权限编辑 /boot/grub/grub.cfg，找到"linux"引导行，该行类似如下（不同版本的内容略有差异，但开头都有"linux/boot/vmlinuz-"）：

Linux/boot/vmlinuz-3.2.0-31-generic root=UUID=92191cd8-3690-4cd4-9f42-95d392c9d828 ro

在 Linux 引导行的末尾加上空格，再添加"numa=off"，如果有多个 Linux 引导行，则每个 Linux 引导行都要添加。

修改 grub 文件后保存并重启系统，再验证 NUMA 是否成功关闭，在 shell 下执行如下命令：

numastat

如果输出结果中只有 node0，则表示成功禁用了 NUMA，如果有 node1 则表示禁用失败。

通过以上介绍的方法能够顺利构建适合 SequoiaDB 巨杉数据库运行的系统环境，在配置好系统环境后，安装 SequoiaDB 巨杉数据库到本地主机。接下来将介绍两种安装方式。

4.2.4 命令行安装

本节将介绍通过命令行将 SequoiaDB 巨杉数据库安装到本地主机的方式。首先，请

⊖ 建议使用本方案，开机按快捷键进入 BIOS 设置界面，关闭 NUMA，保存设置并重启，再执行后续步骤验证是否成功关闭 NUMA。根据不同品牌的主板或服务器，具体操作略有差异，此处不做详细介绍。

⊜ 修改 grub 的配置文件，关闭 NUMA。

下载相应版本的安装包到本地。下载地址如下：http://download.sequoiadb.com/cn/。

以 root 用户登录目标主机，解压 SequoiaDB 巨杉数据库产品包，并为解压得到的 sequoiadb-3.2-linux_x86_64-installer.run 安装包赋可执行权限：

#tar -zxvf sequoiadb-3.2-linux_x86_64-installer.tar.gz

#chmod u+x sequoiadb-3.2-linux_x86_64-installer.run

接下来使用 root 用户身份运行 sequoiadb-3.2-linux_x86_64-installer.run 安装包：

./sequoiadb-3.2-linux_x86_64-installer.run --mode text --SMS false

运行安装包后根据提示选择向导语言，可根据需要在命令行输入"1"选择英文，或者输入"2"选择简体中文：

Language Selection

Please select the installation language

[1] English - English

[2] Simplified Chinese - 简体中文

Please choose an option [1] :2

语言选择完成后将会显示安装协议，输入"1"表示忽略阅读并同意协议，输入"2"表示读取完整协议内容：

```
----------------------------------------------------------------
由 BitRockInstallBuilder 评估本所建立
----------------------------------------------------------------

欢迎来到 SequoiaDB Server 安装程序

重要信息：请仔细阅读

下面提供了两个许可协议。

1. SequoiaDB 评估程序的最终用户许可协议
2. SequoiaDB 最终用户许可协议

如果被许可方出于生产性使用目的（而不是为了评估、测试、试用"先试后买"或演示）获得本程序，单击下面的"接受"按钮即表示被许可方接
受 SequoiaDB 最终用户许可协议，且不做任何修改。

如果被许可方出于评估、测试、试用"先试后买"或演示（统称为"评估"）目的的获得本程序，单击下面的"接受"按钮即表示被许可方同时接受
（i）SequoiaDB 评估程序的最终用户许可协议（"评估许可"），且不做任何修改；（ii）SequoiaDB 最终用户程序许可协议（SELA），且
不做任何修改。
在被许可方的评估期间将适用"评估许可"。

如果被许可方通过签署采购协议在评估之后选择保留本程序（或者获得附加的本程序副本供评估之后使用），SequoiaDB 评估程序的最终用户
许可协议将自动适用。

"评估许可"和 SequoiaDB 最终用户许可协议不能同时有效；两者之间不能互相修改，并且彼此独立。

这两个许可协议中每个协议的完整文本如下。

评估程序的最终用户许可协议

[1] 同意以上协议：了解更多的协议内容，可以在安装后查看协议文件
[2] 查看详细的协议内容
请选择选项 [1] :
```

阅读完安装协议后，指定 SequoiaDB 安装路径，路径输入完毕后按回车。若没有输入路径直接按回车，将使用默认的安装路径（/opt/sequoiadb）：

```
-----------------------------------------------------------
请指定 SequoiaDB Server 将会被安装到的目录
安装目录 [/opt/sequoiadb]:
```

接着会询问是否强制安装，输入"y"表示强制安装，安装过程中若发现有相关进程存在则会尝试停止该进程；输入"N"表示非强制安装，安装过程中若发现有相关进程存在，则会报错并退出。默认为非强制安装：

```
-----------------------------------------------------------
是否强制安装? 强制安装时可能会强杀残留进程
是否强制安装 [y/N]:
```

接着会提示配置 Linux 用户名和用户组，这两项输入完毕后按回车。若没有输入内容直接按回车，将会创建默认的用户名（sdbadmin）和用户组（sdbadmin_group）。该用户名用于运行 SequoiaDB 服务：

```
-----------------------------------------------------------
数据库管理用户配置
配置用于启动 SequoiaDB 的用户名、用户组和密码
用户名 [sdbadmin]:
用户组 [sdbadmin_group]:
```

接着会提示配置刚才创建的 Linux 用户的密码，密码输入完毕后按回车。若没有输入密码直接按回车，将会使用默认密码（sdbadmin）：

```
密码 [********] :
确认密码 [********] :
```

接着会提示配置服务端口，端口输入完毕后按回车。若没有输入端口直接按回车，将使用默认的服务端口（11790）：

```
-----------------------------------------------------------
集群管理服务端口配置
配置 SequoiaDB 集群管理服务端口，集群管理用于远程启动、添加和启停数据库节点 端口 [11790]:
```

接着会询问是否允许 SequoiaDB 巨杉数据库相关进程开机自启动，输入"Y"表示允许，输入"n"表示不允许，默认为允许：

```
-----------------------------------------------------------
是否允许 SequoiaDB 相关进程开机自启动
Sequoiadb相关进程开机自启动 [Y/n]:
```

安装过程中会询问是否继续安装，输入"Y"表示继续，输入"n"表示不继续，默认为继续：

```
-----------------------------------------------------------
设定现在已经准备将 SequoiaDB Server 安装到您的电脑
您确定要继续? [Y/n]:
```

在顺利完成上述步骤后，屏幕上会显示以下信息，表示 SequoiaDB 已经安装完成：

```
正在安装 SequoiaDB Server 到您的电脑，请稍候
安装中
0% _____ 50% _____ 100%
#########################################
-------------------------------------------------------------
安装程序已经安装 SequoiaDB Server 到您的电脑
```

安装完成后，切换到 sdbadmin 用户，进行安装检查。使用如下命令如能正常查到 SequoiaDB 的版本信息，说明 SequoiaDB 安装成功：

$ sequoiadb --version

SequoiaDB shell version: 3.2

Release: 37126

2018-10-14-13.15.29

4.2.5　可视化安装

除了命令行安装方式外，SequoiaDB 巨杉数据库还具有更加完善的可视化安装方式，能够为用户提供更加友好的体验，下面来讲解如何进行可视化安装。

首先，同样请到 SequoiaDB 巨杉数据库的官网下载安装包。在下载好安装包后，运行安装程序，参数"--SMS true"表示安装 OM 服务：

$ ./sequoiadb-3.2-linux-x86_64-installer.run --SMS true

程序将提示选择向导语言：

```
Language Selection
Please select the installation language
[1] English - English
[2] Simplified Chinese - 简体中文
Please choose an option [1] :2
```

在选择简体中文后，将显示安装协议，默认会忽略阅读，如果需要读取全部文件请输入"2"：

```
-------------------------------------------------------------
由 BitRockInstallBuilder 评估本所建立
-------------------------------------------------------------
欢迎来到 SequoiaDB Server 安装程序

重要信息：请仔细阅读

下面提供了两个许可协议。

1. SequoiaDB 评估程序的最终用户许可协议
2. SequoiaDB 最终用户许可协议

如果被许可方出于生产性使用目的（而不是为了评估、测试、试用"先试后买"或演示）获得本程序，单击下面的"接受"按钮即表示被许可方接受 SequoiaDB 最终用户许可协议，且不做任何修改。

如果被许可方出于评估、测试、试用"先试后买"或演示（统称为"评估"）目的获得本程序，单击下面的"接受"按钮即表示被许可方同时接受（i）SequoiaDB 评估程序的最终用户许可协议（"评估许可"），且不做任何修改；（ii）SequoiaDB 最终用户程序许可协议（SELA），且不做任何修改。
```

```
在被许可方的评估期间将适用"评估许可"。
如果被许可方通过签署采购协议在评估之后选择保留本程序（或者获得附加的本程序副本供评估之后使用），SequoiaDB 评估程序的最终
用户许可协议将自动适用。

"评估许可"和 SequoiaDB 最终用户许可协议不能同时有效；两者之间不能互相修改，并且彼此独立。

这两个许可协议中每个协议的完整文本如下。

评估程序的最终用户许可协议

[1] 同意以上协议：了解更多的协议内容，可以在安装后查看协议文件
[2] 查看详细的协议内容
请选择选项 [1]：
```

接下来将会提示：

```
--------------------------------------------------
同意以上协议

按 [Enter] 继续：

您是否接受此软件授权协议？ [y/n]：
```

在同意协议并输入"y"后，将会提示数据库的安装信息：

```
--------------------------------------------------
请指定 SequoiaDBServer 将会被安装到的目录
安装目录 [/opt/sequoiadb]：
```

输入安装路径后按回车（默认安装在 /opt/sequoiadb 下），再根据系统提示输入用户名，该用户名用于运行 SequoiaDB 服务：

```
--------------------------------------------------
数据库管理用户配置
配置用于启动 SequoiaDB 的用户名和密码
用户名[sdbadmin]：
```

输入用户名后按回车（默认创建 sdbadmin 用户），再根据系统提示输入该用户的密码和确认密码：

```
密码 [********]：
确认密码 [********]：
```

输入两次密码（默认密码为 sdbadmin），再根据系统提示输入服务端口：

```
--------------------------------------------------
集群管理服务端口配置
配置SequoiaDB集群管理服务端口，集群管理用于远程启动、添加和启停数据库节
点端口 [11790]：
```

输入端口（默认为 11790）后，系统将会开始自动安装，在这个过程中会请用户确定是否继续，并且询问是否允许 SequoiaDB 相关进程开机自启动。根据提示完成启动设置，同意 SequoiaDB 相关进程开机自启动，安装完成后会显示：

```
--------------------------------------------------
正在安装 SequoiaDB Server 到您的电脑，请稍候
安装中
0%_____50%_____100%
##########################################
```

> 安装程序已经安装 **SequoiaDB Server** 到您的电脑

安装完成后，OM 会自动启动并开启 8000 端口的 Web 服务，用户可以通过浏览器登录 SAC，并进行集群的部署。假设安装 OM 的机器 IP 地址为 192.168.1.101，则用户只需在浏览器键入 http://192.168.1.101:8000，即可访问 SAC 服务。

4.3　分布式数据库实例创建

4.3.1　分布式数据库实例概述

如图 4.8 所示，巨杉数据库采用的是计算存储分离的架构，底层是一个基于 X86 服务器内置盘的多模分布式存储层，多模指的是能够同时存储结构化与非结构化数据。分布式的数据存储层通过水平和竖直的数据分片实现弹性扩张，并且支持事务处理与高并发，同时通过多副本机制保证数据高可用。在存储层与微服务之间起到连接作用的是实例层，这是一个松耦合的数据库实例层，该层涉及的协议解析与计算模块均使用无状态设计模式。这种计算存储分离架构使得巨杉数据库能够提供快速弹性伸缩的实例化、容器化的数据库服务，与当今流行的微服务架构具有很高的匹配度，并且能够满足微服务在去中心化数据管理、基础设施自动化以及敏捷方面的要求。

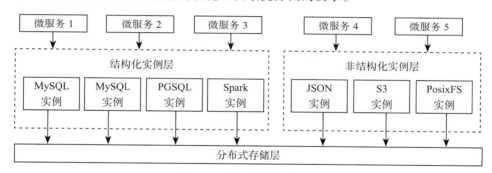

图 4.8　分布式数据库实例

在开发时，实例层模型的选取也十分重要。数据库实例与分布式存储层的存储操作通过映射关系来进行衔接，应用开发人员可以基于项目的实际需求与自身具备的技能选取最恰当的实例进行开发。如图 4.9 所示为关系型数据库实例，其中 MySQL 更加适合与 ORTP 的联机交易处理，PostgreSQL 则兼顾了 ORTP 与 ORAP 的处理类型，SparkSQL 比较适合进行 ORAP 的处理。在本章后面的几节中将具体介绍巨杉关系型数据库的实例层相关操作。

图 4.9　关系型数据库实例

4.3.2 数据库实例——MySQL

1. MySQL 实例的一些基本连接方法

在构建 MySQL 数据库实例时，第一步需要做的是建立 MySQL 实例与数据库分布式存储引擎之间的连接。建立连接的方式有两种：一种是配置 SequoiaDB 连接地址；另外一种是登录 MySQL shell，在 shell 中建立连接。

（1）配置 SequoiaDB 连接地址。默认的 SequoiaDB 连接地址为"localhost:11810"，有两种方法可以修改它。

1）通过 bin/sdb_sql_ctl 指定实例名修改。例如，设置实例 myinst 的连接地址为"sdbserver1:11810"和"sdbserver2:11810"，则可以使用下面的代码进行修改。

```
bin/sdb_sql_ctl chconf myinst --sdb-conn-addr=sdbserver1:11810,sdbserver2:11810
```

2）通过配置文件修改。

（2）登录 MySQL shell。MySQL 支持 UNIX 域套接字文件和 TCP/IP 两种连接方式。

1）UNIX 域套接字文件连接。进程间通信，不需要使用网络协议，比 TCP/IP 传输效率更高，但仅限于本地连接，连接时指定对应的套接字文件（SequoiaSQL-MySQL 实例默认无密码，因此无须输入 -p 选项）：

```
cd /opt/sequoiasql/mysql
bin/mysql -S database/3306/mysqld.sock -u root
```

2）TCP/IP 连接。网络通信，可以是本地连接（环回接口）和远程连接，同时可以灵活地配置和授权客户端 IP 的访问权限。

可以如下配置本地连接：

```
cd /opt/sequoiasql/mysql
bin/mysql -h 127.0.0.1 -P 3306 -u root
```

可以如下配置远程连接：

```
UPDATE mysql.user SET host='%' WHERE user='root';
FLUSH PRIVILEGES;
```

MySQL 默认未授予客户端远程连接的权限，所以首先需要在服务端对客户端 IP 进行访问授权，以上代码对所有的 IP 都做了授权。

假设 MySQL 服务器地址为"sdbserver1:3306"，在客户端可以这样远程连接：

```
/opt/sequoiasql/mysql/bin/mysql -h sdbserver1 -P 3306 -u root
```

在允许远程连接时，建议为 MySQL 设置密码。例如为 root 用户设置密码 123456：

```
ALTER USER root@'%' IDENTIFIED BY '123456';
```

2. 对 MySQL 实例进行的基本操作

在完成连接的建立后，可以对 MySQL 实例进行一些基本操作。

（1）创建数据库实例：

```
CREATE DATABASE company;
USE company;
```

（2）创建表：

```
CREATE TABLE employee(id INT AUTO_INCREMENT PRIMARY KEY, name
```

VARCHAR(128), age INT);

CREATE TABLE manager(employee_id INT, department TEXT, INDEX id_idx(employee_id));

（3）基本数据操作：

INSERT INTO employee(name, age) VALUES("Jacky", 36);

INSERT INTO employee(name, age) VALUES("Alice", 18);

INSERT INTO manager VALUES(1, "Wireless Business");

SELECT * FROM employee ORDER BY id ASC LIMIT 1;

SELECT * FROM employee, manager WHERE employee.id=manager.employee_id;

UPDATE employee SET name="Bob" WHERE id=1;

DELETE FROM employee WHERE id=2;

（4）创建索引：

ALTER TABLE employee ADD INDEX name_idx(name(30));

（5）存储过程：

DELIMITER //

CREATE PROCEDURE delete_match()

 -> BEGIN

 -> DELETE FROM employee WHERE id=1;

 -> END//

DELIMITER ;

CALL delete_match();

（6）视图：

CREATE VIEW manager_view AS

 -> SELECT

 -> e.name, m.department

 -> FROM

 -> employee AS e, manager AS m

 -> WHERE e.id=m.employee_id;

SELECT * FROM manager_view;

本节介绍了 MySQL 实例的一些基本连接方法和操作，为了更直观地理解 MySQL 的构建过程，可以访问 http://www.sequoiadb.com/cn/university-detail-id-63。

4.3.3　数据库实例——PostgreSQL

本节将介绍 PostgreSQL 实例的运作过程。在安装前需要使用 root 用户权限来安装 PostgreSQL 实例组件；检查 PostgreSQL 实例组件产品软件包是否与 SequoiaDB 版本一致；确保在使用图形界面模式安装的情况下，X Server 服务正在运行。

首先进行 PostgreSQL 实例的安装，本书以安装 sequoiasql-postgresql-3.2-x86_64-enterprise-installer.run 为例，在安装过程中若出现失误，可按 <Ctrl>+<Backspace> 组合键进行删除。

运行安装程序：

./sequoiasql-postgresql-3.2-x86_64-enterprise-installer.run --mode text

程序将提示选择向导语言，输入"2"选择简体中文：

```
Language Selection
Please select the installation language
[1] English - English
[2] Simplified Chinese - 简体中文
Please choose an option [1] :2
```

输入安装路径后按回车（默认安装在 /opt/sequoiasql/postgresql 下）：

```
--------------------------------------------------------------
由 BitRock InstallBuilder 评估本所建立

欢迎来到 SequoiaSQL PostgreSQL Server 安装程序

--------------------------------------------------------------
请指定 SequoiaSQL PostgreSQL Server 将会被安装到的目录
安装目录 [/opt/sequoiasql/postgresql]:
```

按照提示输入用户名和用户组（默认创建 sdbadmin 用户和 sdbadmin_group 用户组），该用户名用于运行 SequoiaSQL 中的 PostgreSQL 服务：

```
--------------------------------------------------------------
数据库管理用户配置
配置用于启动 SequoiaSQL PostgreSQL 的用户名、用户组和密码
用户名 [sdbadmin]:
用户组 [sdbadmin_group]:
```

根据提示输入该用户的密码和确认密码（默认密码为 sdbadmin）：

```
密码 [********]:
确认密码 [********]:
```

接着系统提示开始安装，并且需要用户确定：

```
--------------------------------------------------------------
设定现在已经准备将 SequoiaSQL PostgreSQL Server 安装到您的电脑
您确定要继续? [Y/n]:
```

完成安装：

```
正在安装 SequoiaSQL PostgreSQL Server 到您的电脑，请稍候
安装中
0% _____ 50% _____ 100%
#########################################
添加了系统服务: sequoiasql-postgresql.
#
--------------------------------------------------------------
安装程序已经安装 SequoiaSQL PostgreSQL Server 到您的电脑
```

在完成 PostgreSQL 的安装后，进行 PostgreSQL 实例的部署。先切换用户和目录：

su - sdbadmin

cd /opt/sequoiasql/postgresql

切换目录后，检查端口是否被占用，SequoiaSQL 中的 PostgreSQL 默认启动端口为 5432，（检查端口操作建议使用 root 用户身份进行，只有该操作需要 root 权限，其余操作还是需要以 sdbadmin 用户身份进行）：

netstat -nap | grep 5432

完成端口检查后，接下来可以创建 PostgreSQL 实例。指定实例名为 myinst，通过该实例名映射相应的数据目录和日志路径，用户可以根据需要指定不同的实例名：

bin/sdb_sql_ctl addinst myinst -D database/5432/

若端口 5432 被占用，则用户可以使用 -p 参数指定实例端口：

bin/sdb_sql_ctl addinst myinst -D database/5442/ -p 5442

查看实例：

bin/sdb_sql_ctl listinst

```
NAME       PGDATA                                            PGLOG
myinst     /opt/sequoiasql/postgresql/database/5432/         /opt/sequoiasq
           l/myinst.log
Total: 1
```

启动实例进程：

bin/sdb_sql_ctl start myinst

```
Starting instance myinst ...
ok (PID: 28115)
```

查看实例状态：

bin/sdb_sql_ctl status

```
INSTANCE   PID      SVCNAME    PGDATA                                    PGLOG
myinst     28115    5432       /opt/sequoiasql/postgresql/database/5432/ /opt/se
quoiasql/postgresql/myinst.log
Total: 1; Run: 1
```

检查 SequoiaSQL 中 PostgreSQL 是否启动成功：

netstat -nap | grep 5432

```
tcp   0    0 127.0.0.1:5432      0.0.0.0:*           LISTEN      28115/postgres
unix  2    [ ACC ]    STREAM    LISTENING    40776754 28115/postgres    /tmp/.s.PGSQ
L.5432
```

创建 SequoiaSQL 中 PostgreSQL 的数据库：

bin/sdb_sql_ctl createdb foo myinst

进入 SequoiaSQL PostgreSQL shell 环境：

bin/psql -p 5432 foo

正确完成上述操作，意味着一个 PostgreSQL 实例已经构建完成，读者可以在这个实例中进行 PostgreSQL 的基本操作。可以通过 http://www.sequoiadb.com/cn/university-detail-id-64 了解 PostgreSQL 实例的更多操作。

4.3.4　数据库实例——SparkSQL

Apache 的 Spark 是一个高速的通用集群式计算系统。Spark 是一个可扩展的数据分析平台，该平台集成了原生的内存计算功能，因此它在使用中相比 Hadoop 集群存储有不少的性能优势。

Apache Spark 提供了高级的 Java、Scala 和 Python API，同时拥有优化的引擎来支

持常用的执行图 [4]。Spark 还支持多样化的高级工具，其中包括处理结构化数据和 SQL 的 SparkSQL、处理器器学习的 MLlib、用于图形处理的 GraphX 以及 Spark Streaming。

在集群中，Spark 应用以独立的进程集合的方式运行，并由主程序（driver program）中的 SparkContext 对象进行统一调度。当需要在集群内运行时，SparkContext 会连接到几个不同类的集群管理器（ClusterManager）上，集群管理器将给各个应用分配资源。连接成功后，Spark 会请求集群中各个节点的 Executor（执行器），Executor 为应用计算和存储数据的进程的总称。之后，Spark 会将应用提供的代码（应用已经提交给 SparkContext 的 JAR 或 Python 文件）交给 Executor。最后，由 SparkContext 发送任务给其执行。

下面是对 SparkSQL 架构（见图 4.10）的具体介绍。

- 每一个应用有其独立的 Executor 进程，这些进程将会在应用的整个生命周期内为应用服务，并且会在多个线程中执行任务。这种做法能有效地隔离不同的应用，在调度和执行端都能很好地隔离（每个驱动调度自己的任务，不同的任务在不同的 JVM 中执行）。但也意味着，只要不写入外部的存储设备，数据就不能在不同的 Spark 应用（SparkContext 实例）之中共享。
- Spark 对于一些集群管理者是不可知的：只要 Spark 能请求 Executor 进程，且这些进程之间能互相通信，它就能相对容易地去运行支持其他应用的集群管理器（如 Mesos/YARN）。
- 由于驱动是在集群中调度任务，并且在工作节点附近运行，因此它在执行操作时最好处在相同的局域网当中。如果你不喜欢远程向集群发送请求，那么最好为驱动打开一个 RPC 然后让其在附近提交操作，而不是在远离工作节点处运行驱动。

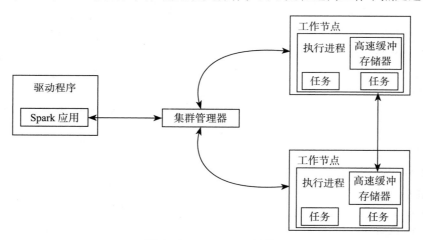

图 4.10　SparkSQL 架构

SparkSQL 是 Spark 下处理结构化数据执行的模块，它提供了名为 DataFrame 的数据抽象工具，同时能作为分布式的 SQL 查询引擎。

只要 Spark 的安装配置符合要求，通过 SparkSQL 实例访问 SequoiaDB 就是十分简单的。

使用 Spark API 以及 Spark 自带的命令行工具 spark-shell、spark-sql、beeline 均可以通过 SQL 访问 SequoiaDB。

在 SparkSQL 中创建 SequoiaDB 表的 SQL 语句如下：

create <[temporary] table| temporary view> <tableName> [(schema)] using com.sequoiadb.spark options (<option>, <option>, …)

在这里需要注意的是 temporary 表示为临时表或视图，只在创建表或视图的会话中有效，会话退出后自动删除。表名之后紧跟的 schema 可不填，连接器会自动生成。自动生成的 schema 字段顺序与集合中记录的顺序不一致，因此如果对 schema 的字段顺序有要求，应该显式定义 schema。option 为参数列表，参数是键和值都为字符串类型的键值对，其中值的前后需要有单引号，多个参数之间用逗号分隔。

假设构建的集合名为"test.data"，协调节点在 serverX 和 serverY 上，以下指令可以在 spark-sql 后执行，并创建一个表来对应 SequoiaDB 的 Collection（集合）：

spark-sql> create table datatable(c1 string, c2 int, c3 int) using com.sequoiadb.spark options(host 'serverX:11810,serverY:11810', collectionspace 'test', collection 'data');

当不指定 schema 属性时，它由连接器自动生成：

spark-sql> create table datatable using com.sequoiadb.spark options(host 'serverX:11810, serverY:11810', collectionspace 'test', collection 'data');

创建表或视图之后就可以在表上执行 SQL 语句。以下查询语句可用于统计表中的记录数：

spark-sql> select * from datatable;

以下语句从 SequoiaDB 的一个表向另一个表插入数据：

spark-sql> insert into table t2 select * from t1;

本节中为大家介绍了 Spark 的基本结构和 SparkSQL 与 SequoiaDB 巨杉数据库的一些基本操作，为了更直观地理解 SparkSQL 的构建过程，可以搜索 http://www.sequoiadb.com/cn/university-detail-id-65。

4.4　数据库操作

4.4.1　集合操作

SequoiaDB 巨杉数据库支持图形化界面和 shell 指令行两种操作方式，接下来将以 SAC 图形化界面为例介绍关于数据集合空间以及在空间内对集合的相关操作方式。

1. 创建集合空间

首先，点击导航栏中数据→分布式存储的名字，进入集合空间分页内，如图 4.11 所示。

接下来，点击创建集合空间，输入集合空间名，点击确定，如图 4.12 所示。

完成以上操作后，集合空间便创建完成，如图 4.13 所示。

2. 集合空间属性

集合空间的自身数据拥有属性，在 SAC 界面可以通过点击导航栏中数据→分布式存储的名字，进入集合空间分页，在右侧查看这些属性，如图 4.14 所示。

图 4.11　创建集合空间

图 4.12　输入集合空间名

图 4.13　集合空间创建完成

图 4.14　集合空间属性

点击表格的集合空间名，可以切换显示右边的集合空间信息，如图 4.15 所示。

图 4.15　集合空间信息

没有集合的集合空间，其属性为空，图 4.16 显示了无集合的集合空间信息。

在集群模式下，集合空间有 Group 属性，可以切换分区组查看单个组的集合空间信息，如图 4.17 所示。

3. 删除集合空间

点击导航栏中数据→分布式存储的名字，进入集合空间分页，在操作列中有删除集合空间，如图 4.18 所示。

点击删除集合空间，在打开的窗口内选择要删除的集合空间，点击确定按钮，如图 4.19 所示。

这样便可删除集合空间。在使用 SAC 界面的删除集合空间操作时需要高度谨慎，删除集合空间会把该集合空间下的集合一并删除，包括集合中的数据。

图 4.16　无集合的集合空间信息

图 4.17　单个组的集合空间信息

图 4.18　删除集合空间

图 4.19　删除集合空间窗口

4. 创建集合

在创建好集合空间后，可以在空间内创建对应的数据集合来存放数据。点击导航栏中数据→分布式存储的名字，进入集合空间分页，创建 foo 的集合空间，如图 4.20 所示。

图 4.20　创建 foo 的集合空间

进入集合分页，点击创建集合，在打开的窗口内选择集合空间，填好参数，点击确定。集合创建就已完成，如图 4.21 所示。

5. 挂载集合

这里模拟创建一个保存 3 年数据的交易流水表，所用集合空间名字为 statement。创建一个垂直分区类型的集合 history，分区键取决于实际业务场景，本演示中取 time 字段，如图 4.22 所示。

再创建 3 个普通类型的集合：2017、2018 和 2019。它们用于存储 3 年的交易流水账单，其中创建 2017 集合的界面如图 4.23 所示。

图 4.21 集合创建完成

图 4.22 创建垂直分区类型的集合

图 4.23 创建普通类型的 2017 集合

完成创建的状态如图 4.24 所示。

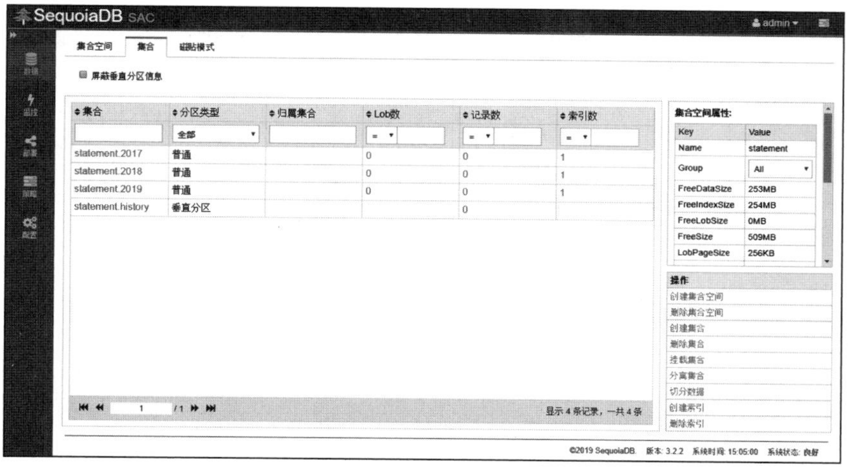

图 4.24　完成创建的状态

点击挂载集合，在打开的窗口内将集合选为 statement.history，将分区选为 statement.2017。分区范围的字段名为 time，类型选为 Date，范围按照时间划分。之后点击确定，就完成了挂载集合，如图 4.25 所示。

图 4.25　挂载集合

集合 2018 和 2019 也需要挂载，如图 4.26 所示。

点击表格的 statement.history，再点击集合属性 Partitions 右侧的显示，打开的分区信息如图 4.27 所示。

在集合 statement.history 中插入两条记录测试，两条记录分别分布在 statement.2017 和 statement.2019 中，插入记录测试如图 4.28 所示，记录分布如图 4.29 所示。

6. 分离集合

以上一步中已经创建好的垂直分区类型集合 statement.history 为例，点击分离集合，在打开的窗口中选择要分离的集合，点击确定即可完成分离，如图 4.30 所示。

图 4.26 挂载其余集合

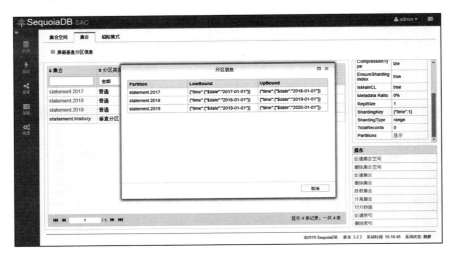

图 4.27 分区信息窗口

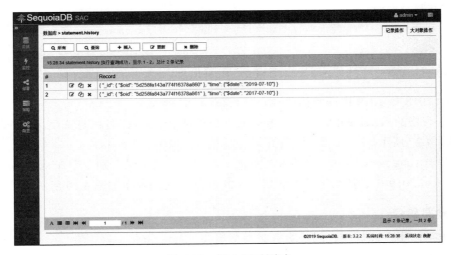

图 4.28 插入记录测试

图 4.29　记录分布

图 4.30　分离集合

4.4.2　数据库基本操作

1. 插入操作

在 SequoiaDB 中，插入操作是向集合中添加新的文档记录。用户可以使用 insert() 方法向 SequoiaDB 中的集合中添加记录。接下来将通过 shell 界面进行指令演示。

所有的插入操作在 SequoiaDB 中具有如下性质。

- 如果插入的文档记录没有 _id 字段，客户端将会为记录自动添加 _id 字段，并且填充一个唯一值。
- 如果指定 _id 字段，那么在集合中 _id 的值必须唯一，否则将出现操作异常。
- 最大的 BSON 文档长度为 16MB。
- 文档结构的字段命名有如下限制：字段名 _id 作为主键保存在集合中，它的值必须唯一且不可改变，它的值可以是除数组类型以外的其他任何类型。字段的命名不能是空串，不能以 $ 开始，不能含有点操作符（.）。

在 SequoiaDB 中 insert() 方法是向集合插入文档记录的主要方法。当插入第一个文档时，如果集合空间和集合不存在，可以使用如下命令创建集合空间和集合：

```
var db = new Sdb("localhost", 11810)
db.createCS("foo")
db.foo.createCL("bar")
```

集合空间与集合创建完成之后才能对集合做插入操作：

```
db.foo.bar.insert({ _id: 1, name: { first: "John", last: "Black" }, phone: [ 1853742000, 1802321000 ] } )
```

在插入操作执行完成后，可以使用 find() 方法确认是否插入成功：

```
db.foo.bar.find()
{"_id": 1
  "name": {"first": "John","last": "Black"},
  "phone": [1853742000, 1802321000] }
```

当新的文档记录不包含 _id 字段时，insert 方法会自动向文档添加 _id 字段并生成一个唯一的 $oid 值：

```
db.foo.bar.insert( { name: "Tom", age: 20 } )
db.foo.bar.find()
{"_id": {"$oid": "5806c732173d09e66d000001"},
  "name": "Tom",
  "age": 20}
```

如果向 insert() 方法中传一个数组类型的文档，insert() 方法将会在集合中执行批量插入。下面演示了向集合 bar 中插入两条记录的操作。本操作也说明了 SequoiaDB 的动态模式的特点。可以看到 _id:20 的记录含有字段名 phone，而另一条记录不含有，表明 SequoiaDB 不要求其他记录必须含有此字段：

```
db.foo.bar.insert( [ { name:"Mike", age:15 }, { _id:20, name:"John", age: 25, phone: 123 } ] )
```

2. 查询操作

在 SequoiaDB 中使用 find() 方法读取记录信息。find() 方法是从集合中选择记录的主要方法，它返回一个包含很多记录的游标。

在 find() 指令中如果没有任何参数，则返回集合中所有的记录。以下示例返回了集合空间 foo 中集合 bar 的所有记录：

```
db.foo.bar.find()
```

假设现集合中有如下一条记录：

```
{"_id": 1,
  "name":{"first": "Tom","second": "David"},
  "age": 23,
  "birth": "1990-04-01",
  "phone":[10086,10010,10000],
```

```
"family":[{"Dad": "Kobe","phone": 139123456},
    {"Mom": "Julie","phone": 189123456}]
}
```

当需要查询匹配条件的记录时，使用 Equality 属性进行匹配，下面的操作返回了集合 bar 中 age 等于 23 的记录：

```
db.foo.bar.find( { age: 23 } )
```

也可以使用匹配符，下面的操作返回了集合 bar 中 age 字段值大于 20 的记录：

```
db.foo.bar.find( { age: { $gt: 20 } } )
```

还可以使用嵌套数组匹配，这种情况下有两种方式。

- 数组元素查询，下面的操作返回了集合 bar 中所有字段 phone（phone 为数组类型）含有元素 10086 的记录：

    ```
    db.foo.bar.find( { "phone": 10086 } )
    ```

- 数组元素为 BSON 对象的查询，下面的操作返回了集合 bar 中 family 字段包含的子元素 Dad 字段值为"Kobe"，且 phone 字段值为 139123456 的记录：

    ```
    db.foo.bar.find( { "family": {"$elemMatch": { "Dad": "Kobe", "phone": 139123456 } } } )
    ```

嵌套 BSON 对象匹配查询，下面的操作返回了一个游标指向集合 bar 中嵌套 BSON 对象的 name 字段匹配 {"first":"Tom"} 的记录。查询操作会在 bar 集合中查找所有名字为 Tom 的记录，它会搜索那些 name 字段是一个包含 first 键，且 first 键值为 Tom 的嵌套对象的文档，并返回这些文档的引用游标：

```
db.foo.bar.find( { "name": { "$elemMatch": { "first": "Tom" } } } )
```

或者也可以用以下写法：

```
db.foo.bar.find( { "name.first": "Tom" } )
```

如果需要查找记录的字段，那么通过指定 find() 方法的 sel 参数，可以只返回指定的 sel 参数内的字段名。下面的操作返回了记录的 name 字段：

```
db.foo.bar.find( {}, { name: "" } )
```

即使记录中不存在指定的字段名（如 people），SequoiaDB 默认也返回，只不过对应属性的内容为空。

cursor.sort(<sort>) 方法用来按指定的字段对记录排序，语法格式为 sort({ 字段名 1: 1|-1, 字段名 2: 1|-1,…})，其中 1 为升序，-1 为降序。如：

```
db.foo.bar.insert( { "name": "Tom", "age": 20 } )
db.foo.bar.insert( { "name": "Anna", "age": 22 } )
db.foo.bar.find().sort( { age: -1 } )
{"name": "Anna","age": 22}
{"name": "Tom","age": 20}
```

cursor.hint(<hint>) 方法能够添加索引从而加快查找速度，假设存在名为"testIndex"的索引：

```
db.foo.bar.find().hint( { "": "testIndex" } )
```

cursor.limit(<num>) 方法能在结果集中限制返回的记录条数，比如只返回结果集里面的前三条记录：

db.foo.bar.find().limit(3)

cursor.skip(<num>) 方法能控制结果集的开始点，即跳过前面的 num 条记录，从 num+1 条记录开始返回：

db.foo.bar.find().skip(5)

如果本小节中未介绍你需要的命令行语句，还可以执行 db.foo.bar.find().help()，了解 find() 的更多使用方法。

3. 更新操作

SequoiaDB 中使用 update() 方法做更新操作，而 update() 是修改集合中记录的主要方法。

如果 update() 方法只有 rule 作为参数（例如使用 $set 更新表达式），那么该方法会修改集合记录中所有指定的字段，更新嵌套对象 SequoiaDB 使用点操作符。

在更新记录字段时，使用 $set 更新记录字段的值。下面的操作修改了集合 bar 中符合条件 "_id 字段值等于 1" 的记录，使用 $set 将 name 字段的嵌套元素 first 字段的值修改为 "Mike"：

db.foo.bar.update({ $set: { "name.first": "Mike" } }, { _id: 1 })

如果 rule 参数包含的字段名没有在当前的记录中，则 update() 方法会添加 rule 参数包含的字段到记录中。

当需要删除记录字段时，使用 $unset 删除记录的字段名。下面的操作删除了集合 bar 中所有记录的 age 字段，如果一个记录中没有 age 字段则跳过该记录：

db.foo.bar.update({ $unset: { age: "" } })

如果需要更新数组中的元素，SequoiaDB 将使用点操作符，数组下标从 0 开始。下面的操作修改了数组字段 arr 的第二个元素的值，将它的值增加了 5：

db.foo.bar.update({ $inc: { "arr.1": 5 } })

4. 删除操作

SequoiaDB 中使用 remove() 方法做删除操作。例如可以使用以下指令删除集合 bar 中所有的记录：

db.foo.bar.remove()

以下指令会删除集合 bar 中所有匹配条件 "name 字段值为 Tom" 的记录：

db.foo.bar.remove({ name: "Tom" })

在 remove() 方法中有 hint 参数，这个属性可以通过遍历索引快速删除匹配条件的记录，例如 "textIndex" 为索引名称：

db.foo.bar.remove({ name: "Tom" }, { "": "testIndex" })

4.4.3 全文索引

SequoiaDB 通过与 Elasticsearch 配合提供全文检索功能。在 SequoiaDB 中，提供一种新类型的索引：全文索引。该索引与普通索引的典型区别在于，它索引的数据不是存在于数据节点的索引文件中，而是存储在 Elasticsearch 中。在使用该索引进行查询的时候，会在 Elasticsearch 中进行搜索，数据节点根据返回的结果再到本地查找数据。若要使用全文索引功能，则在进行部署时涉及三种要素。

- SequoiaDB 数据节点：用户通过 SequoiaDB 管理（创建、删除等）全文索引，以及使用全文索引条件进行查询。
- Elasticsearch 集群环境：用于存储全文索引数据，以及在索引中进行搜索。每个数据组上的一个全文索引对应 Elasticsearch 上的一个索引，索引名为对应的固定集合名后接"_"及复制组名。在进行查询时，根据原始查询条件中包含的全文索引条件进行搜索，并返回结果。
- 适配器 sdbseadapter：作为 SequoiaDB 数据节点与 Elasticsearch 交互的桥梁，进行数据转换与传输等。

图 4.31 是一个简略的组网示例。三台主机上分布着 SequoiaDB 的三个复制组的所有数据节点。最下面的 Elasticsearch 集群环境可以是单机或集群，但生产环境中建议部署集群。

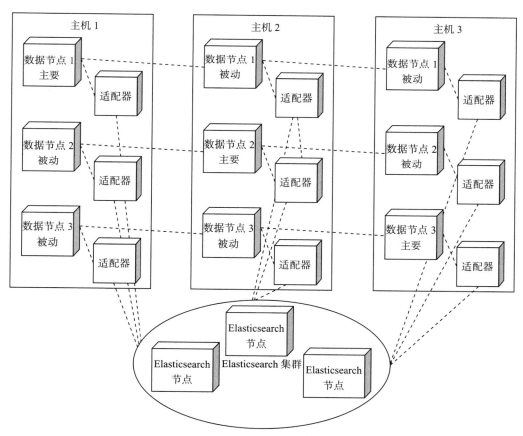

图 4.31　Elasticsearch 集群架构

全文索引实现的是"近实时"的搜索能力，即一个新的文档从被索引到可被搜索，会有一定的延迟。在 SequoiaDB 的实现中，延迟更多地取决于索引的速度。主要分以下两种情况。

- 创建索引时，集合中已存在大量的数据。此时要全量索引集合中的所有文档，耗时从分钟级到小时级不等，取决于数据规模、搜索服务器性能等因素。如果在全量索引完成之前进行查询，那么只能查到部分结果。
- 在空集合或者只有很少量数据的集合上创建全文索引。在写入压力不是太大的情况下，通常在若干秒（典型值如 1 ~ 5s）内，新增的数据即可被搜索到。

全文索引提供了三种功能，分别是创建全文索引、进行全文索引和删除全文索引。接下来将通过命令行交互进行演示。

（1）创建全文索引。创建全文索引使用现有的语法结构，增加全文索引类型 text，在索引的 key 定义中指定哪些字段应该包含在全文索引中。索引的其他选项对全文索引无效，因此无须指定。以下语句可在集合 foo.bar 的 name 及 address 字段上创建复合全文索引：

db.foo.bar.createIndex('idx', {name:"text", address:"text"})

可指定一个或多个字段，需要注意的是在创建全文索引时 text 类型不可与其他任何类型混用。每创建一个全文索引，就会在数据节点上对应地创建一个固定集合空间及固定集合（集合与集合空间同名，以 SYS_ 开头，与全文索引的对应关系可通过直连数据节点并使用 listIndexes() 进行查询）。在 Elasticsearch 中索引文档时，会使用原始集合中文档的 _id 字段的值生成 Elasticsearch 中文档的 _id，支持的原始文档的 _id 类型包括：

- 32-bit integer
- 64-bit integer
- double
- decimal
- string
- ObjectID
- boolean
- date
- timestamp
- Object

全文索引在使用时存在以下约束。

- 建议包含全文索引的集合中文档的 _id 值保持唯一性，若不唯一，则在 Elasticsearch 上对应的文档不完整，通过全文索引查询到的结果也会不完整。这是由于在 Elasticsearch 的索引中，通过 _id 来唯一标识一个文档，而这个 _id 由 SequoiaDB 中文档的 _id 转换而来。对于 Elasticsearch，索引两个 _id 相同的文档是进行一个更新操作，先插入的文档会被覆盖。
- 一个集合上最多创建 1 个全文索引。
- 数据库中最多创建 64 个全文索引。
- 只有字符串或字符串数组类型的字段会被索引，非字符串字段会被忽略。
- 不包含任何全文索引字段的文档不会被索引，也无法被全文索引语法查询到（包括 Elasticsearch 中的 match_all 查询）。
- _id 字段类型不在受支持列表的文档不会被索引，也无法被全文索引语法查询到

（包括 Elasticsearch 中的 match_all 查询）。

- 在转换 SequoiaDB 记录中的 _id 为 Elasticsearch 中的 _id 时对前者进行了编码，Elasticsearch 限制文档 _id 的最大长度为 512B，只有 _id 值长度小于 254B 的原始记录会被索引到 Elasticsearch 上，长度超过这个值的记录都会被忽略。基于性能方面的考虑，应尽量避免使用太长的 _id。
- 不包含全文索引语法中使用的任何字段的记录无法被查询到。

（2）进行全文索引。SequoiaDB 适配的全文索引引擎为 Elasticsearch，通过在 SequoiaDB 的查询语法中包含 Elasticsearch 的搜索条件来进行全文索引。基本语法结构为：

db.foo.bar.find({ "" : { $Text : <search command> } })

（3）删除全文索引。删除全文索引使用 dropIndex 语法，指定索引名即可。在索引被删除时，其对应的固定集合空间也会一并被删除：

db.foo.bar.dropIndex('idx')

4.5　数据库事务能力

4.5.1　事务概述

事务是由一系列操作组成的逻辑工作单元。在同一个会话（或连接）中，同一时刻只允许存在一个事务，也就是说当用户在一次会话中创建了一个事务后，在这个事务结束前用户不能再创建新的事务 [5]。

事务作为一个完整的工作单元得到执行，事务中的操作只会出现两种情况，一种是全部执行成功，另一种是全部执行失败。SequoiaDB 事务中的操作只能是插入数据、修改数据以及删除数据，在事务执行过程中执行的其他操作不会纳入事务范畴，也就是说事务回滚时不会对非事务操作执行回滚 [6]。如果一个表或表空间中有数据涉及事务操作，则不允许删除该表或表空间。

在 SequoiaDB 中，使用 transactionon 配置事务的启停，其取值为：true/false，默认值为 true。

在默认情况下，SequoiaDB 所有节点的事务功能都是开启的。若用户不需要使用事务功能，可考虑关闭事务功能。其中需要注意的是：开启及关闭节点的事务功能都要求重启该节点；在开启节点事务功能的情况下，节点的配置项 logfilenum（该配置项默认值为 20）的值不能小于 5。

4.5.2　事务基本操作

在 SequoiaDB 当中支持实现的事务操作有写事务操作（INSERT、UPDATE、DELETE）和读事务操作（QUERY）。而对于 SequoiaDB 的其他操作（如创建表、创建索引、创建并读写 LOB 等其他非 CRUD 操作）不在事务功能的考虑范围。

1. 事务开启、提交与回滚

通过 "transBegin" "transCommit" 及 "transRollback" 方法，用户可以在一个事务中，对若干个操作进行事务控制。其使用方式如下：

```
db.transBegin()
操作 1
操作 2
操作 3
...
db.transCommit() or db.transRollback()
```

在上述使用模式中，用户必须显式调用"transCommit()"及"transRollback()"方法来结束当前事务。然而，对于写事务操作，若在操作过程中发生错误，则数据库配置中的 transautorollback 配置项可以决定当前会话所有未提交的写操作是否自动回滚，其取值为：true/false，默认值为 true。

需要注意的是 transautorollback 配置项只有在事务功能开启（即 transactionon 为 true）的情况下才生效。当写事务操作过程出现失败时，当前事务所有未提交的写操作都将被自动回滚。

2. 事务自动提交

在 SequoiaDB 中，使用 transautocommit 支持事务的自动提交，其取值为：true/false，默认值为 true。

需要注意的是 transautocommit 配置项只有在事务功能开启（即 transactionon 为 true）的情况下才生效。事务自动提交功能默认情况下是关闭的。当 transautocommit 设置为 true 时，事务自动提交功能将开启。此时，使用事务存在以下两点不同。

- 用户不需要显式调用"transBegin()"和"transCommit()"或者"transRollback()"方法来控制事务的开启、提交或者回滚。
- 事务提交或者回滚的作用范围仅局限于单个操作。当单个操作成功时，该操作将被自动提交；当单个操作失败时，该操作将被自动回滚。例如，如下操作中：

```
/* transautocommit 设置为 true */
db.foo.bar.update({$inc:{"salary": 1000}}, {"department": "A"}) // 更新 1
db.foo.bar.update({$inc:{"salary": 2000}}, {"department": "B"}) // 更新 2
db.foo.bar.update({$inc:{"salary": 3000}}, {"department": "C"}) // 更新 3
...
```

更新 1、更新 2、更新 3 分别为独立的操作。假设更新 1 和更新 2 操作成功，而更新 3 操作失败。那么更新 1 和更新 2 修改的记录将全部被自动提交，而更新 3 修改的记录将全部被自动回滚。

3. 其他配置

在 SequoiaDB 中，关于事务还有很多的配置项，其他主要配置项如表 4.3 所示。

表 4.3　其他主要配置项

配置项	描述	取值	默认值
transactiontimeout	事务锁等待超时时间（单位：s）	[0,3600]	60
translockwait	事务在 RC 隔离级别下是否需要等锁	true/false	false
transuserbs	事务操作是否使用回滚段	true/false	true

4. 调整设置

当用户想要调整事务设置（如调整是否开启事务、调整事务配置项等）时，可以使用 3 种方式。

- 修改节点配置文件，用户可以将描述数据库配置的事务配置项，配置到集群所有（或者部分）节点的配置文件中。若要求重启节点后修改的配置项才能生效，用户需重启相应的节点。
- 使用 updateConf() 命令在 sdb shell 中修改集群的事务配置项。若要求重启节点后修改的配置项才能生效，用户需重启相应的节点。
- 使用 setSessionAttr() 命令在会话中修改当前会话的事务配置项。该设置只在当前会话中生效，并不影响其他会话的设置情况。

5. 示例

假设集群的安装目录为 "/opt/sequoiadb"，协调节点地址为 "ubuntu-dev1:11810"。通过如下操作，获取 db 以及 cl 对象：

db = new Sdb("ubuntu-dev1", 11810)

cl = db.createCS("foo").createCL("bar")

使用事务回滚插入操作。事务回滚后，插入的记录将被回滚，集合中无先前插入的记录：

cl.count()

Return 0 row(s).

db.transBegin()

cl.insert({ date: 99, id: 8, a: 0 })

db.transRollback()

cl.count()

Return 0 row(s).

使用事务提交插入操作。提交事务后，插入的记录将被持久化到数据库中：

cl.count()

Return 0 row(s).

db.transBegin()

cl.insert({ date: 99, id: 8, a: 0 })

db.transCommit()

cl.count()

Return 1 row(s).

关闭全局事务分为两个步骤。

- 步骤 1：通过 sdb shell 设置集群所有节点都关闭事务。

  db.updateConf({ transactionon: false }, { Global: true })

- 步骤 2：在集群每台服务器上都重启 SequoiaDB 的所有节点。

  [sdbadmin@ubuntu-dev1 ~]$ /opt/sequoiadb/bin/sdbstop -t all

  [sdbadmin@ubuntu-dev1 ~]$ /opt/sequoiadb/bin/sdbstart -t all

　　需要注意的是必须在每台服务器上都重启 SequoiaDB 的所有节点，才能保证事务功能在所有节点上都关闭。

本章小结

　　本章主要围绕 SequoiaDB 巨杉数据库的计算存储分离架构以及具体操作展开了讲解。首先，讲解了 SequoiaDB 巨杉数据库的安装部署，将 SequoiaDB 安装到本地计算机上。其次，构建数据库实例进而引出 SequoiaDB 的基本指令操作，通过实战举例的方式对数据库的各项操作进行详细说明。最后，介绍了 SequoiaDB 的事务能力，为用户展示了完整的 SequoiaDB 数据库基本操作。希望读者能够通过本章的学习了解和掌握 SequoiaDB 巨杉数据库的基础内容。

参考文献

[1]　林子雨，赖永炫，林琛，等 . 云数据库研究 [J]. 软件学报，2012，23（5）：1148-1166.

[2]　冯登国，张敏，李昊 . 大数据安全与隐私保护 [J]. 计算机学报，2014，37（1）：246-258.

[3]　喻占武，郑胜，李忠民，等 . 基于对象存储的海量空间数据存储与管理 [J]. 武汉大学学报（信息科学版），2008，33（5）：528-532.

[4]　于俊，向海，代其锋，等 . Spark 核心技术与高级应用 [M]. 北京：机械工业出版社，2016.

[5]　刘云生 . 关于实时数据库事务 [D]. 1995.

[6]　刘轶，李明修，张昕，等 . 一种支持事务内 I/O 操作的事务存储系统结构 [J]. 电子学报，2009，37（2）：248-252.

课后习题

1. 请简述 SequoiaDB 巨杉数据库的架构是什么。
2. （多选）SequoiaDB 巨杉数据库中存在的节点有（　　　）。

　　A. 协调节点　　　　　　　　B. 编目节点　　　　　　　　C. 存储节点　　　　　　　　D. 数据节点
3. 简述 SequoiaDB 巨杉数据库中支持哪几种数据库实例。
4. 请写出 SequoiaDB 中返回集合空间 foo 中集合 bar 的所有记录的语句。
5. 请写出 SequoiaDB 中返回集合 bar 中 name 为 Tony 的记录的语句。
6. transactiontimeout 是 SequoiaDB 中的什么操作？
7. 关闭全局事务的两个步骤是什么？
8. SequoiaDB 有几种安装部署的方式？

第 5 章　高可用与扩缩容

如何保证数据库的高可用，并且根据业务需求对数据库进行灵活的扩缩容，是分布数据库中的关键性问题。尤其是在金融领域中，往往会对上述功能提出更高的要求。SequoiaDB 巨杉数据库采用了原生的分布式架构，并使用自研的分布式引擎，能够有效保证业务的高可用并实现数据平台的横向弹性扩容与缩容操作。本章将会对高可用与扩缩容这一主题进行详细的介绍。

本章内容主要分为两个部分。第一部分（5.1 节）会对分布式原理进行详细的介绍，而第二部分（5.2 节与 5.3 节）侧重于实践。

本章学习目标：

- 掌握与验证分布式原理。
- 熟悉巨杉数据库基础命令。
- 熟悉巨杉数据库 SAC。

5.1　分布式原理

数据库的高可用是指最大限度地为用户提供服务，避免服务器死机等故障带来的服务中断。数据库的高可用不仅体现为数据库能否持续提供服务，也体现为能否保证数据的一致性[1]。

为了使读者理解高可用性，本节将会对分布式原理进行详细的讲解：首先在 5.1.1 节中引入巨杉分布式集群架构，在 5.1.2 节中介绍数据分区机制，在剩下的 5.1.3 节与 5.1.4 节中分别介绍数据选举与数据同步的实现方式。

5.1.1　巨杉分布式集群架构

SequoiaDB 巨杉数据库采用计算与存储分离架构，SequoiaSQL-MySQL 是 SQL 计算层，存储层由协调（coordinator）节点、编目（catalog）节点和数据（data）节点组成。一个简单的 SequoiaDB 分布式数据库集群架构如图 5.1 所示。

在图 5.1 中，分布式数据库集群架构由 1 个协调节点、1 个编目节点、3 个数据组（datagroup）和 SequoiaSQL-MySQL 构成。下面以处理应用请求的过程为例，分别介绍各个节点的作用。

首先应用直接接触的是 SequoiaSQL-MySQL，它也被称为 SQL 计算层。该层负责对连接过来的请求进行解析，然后交付给巨杉数据库存储层来进行实际的处理。

其次是协调节点，它作为任务分发节点，本身不存储数据，而是负责处理应用程序的访问请求。但只靠协调节点本身完成任务分发是不够的，它还需要编目节点的配合。

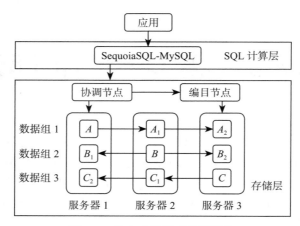

图 5.1 分布式数据库集群架构

编目节点主要负责存储数据库的元数据，也就是关于数据的数据（比如整个数据库的部署结构和节点信息），并且记录集合空间与集合的参数信息等。编目节点能够定位所需信息，以便协调节点进一步完成任务的分发。需要注意的是，图中只用到了 1 个协调节点与 1 个编目节点，实际使用中可以有多个编目节点组成编目节点组，同理多个协调节点可以组成接入节点组。

真正完成数据存储与计算的是数据节点。如图 5.1 中所示，每行都是一个数据组。数据组由不少于一个的数据节点组成，这些数据节点都是完全相同的数据副本，被划分为 1 个主节点（图中的数据节点 A、B、C）和若干从节点。通常只有主节点有读写功能，而其余从节点仅可执行读操作或备份。图中每列都是一个服务器，代表存储数据的物理地点。同一数据组的每个数据节点都存储在不同的服务器上，以冗余备份的方式避免了由个别服务器死机等故障造成的服务中断。

5.1.2　数据分区机制

为了提高集合的读 / 写速度，可以将某一集合中的数据划分成若干不相交的子集，再将这些子集切分到数据组里去，达到并行计算的目的。这种数据切分的方法被称为数据分区[2]，而这些互不相交的子集被称为分区，如图 5.2 所示。

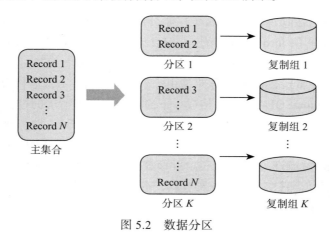

图 5.2　数据分区

在巨杉数据库中，数据分区是指把一个逻辑上大的数据集合按照某一个字段或者多个字段的值划分成若干个小的集合，并且每个小的集合分别存放到物理地点不同的区块上，这些区块可以是相同物理机上的不同磁盘，也可以是不同的物理机。数据分区不仅能带来 I/O 速度的提升，还能带来管理与维护上的便利。

在分区方式中作为数据划分依据的字段，称为分区键。在范围分区中，分区键是用来划分数据范围的字段；在散列分区中，分区键是用来计算散列值的字段。

下面以散列分区为例，介绍数据分区的方式。如图 5.3 所示，在散列分区中，先对集合数据做一次散列运算，然后根据散列运算出来的散列值对数据进行切分。在选取的字段取值相对离散（比如唯一键）的情况下，每个散列值所对应的数据量就会基本相同。在范围分区中，相同范围内的数据则不一定相同。比如在按照月份进行划分时，因为存在业务的高峰期，相同范围的数据量会不同。因此，散列分区主要应用在对分区键选取没有明确要求时，可以起到均衡 I/O 负载的效果，避免数据热点的产生，有利于充分发挥各个节点的并行计算能力。

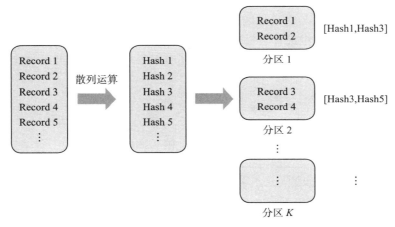

图 5.3 散列分区方式

下面对分区类型进行介绍。分区类型主要分为 3 种：水平分区、垂直分区与混合分区[3]。

如图 5.4 所示，水平分区是指用户可以将一个集合中的数据切分到多个数据组中。水平分区使用范围分区、散列分区等方式把一个大的集合打散到多个分区组中，可以有效地利用多台计算机资源，实现并行计算，使 I/O 能力得到线性提升。

垂直分区也将一个集合划分成若干子集合，但只是把主集合通过分区键映射为若干子集合，达到精确查找的效果，子集合不一定存储于不同服务器内，如图 5.5

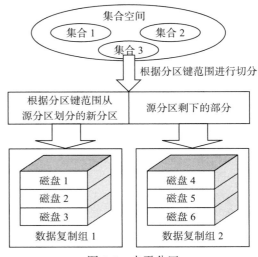

图 5.4 水平分区

所示。以银行业务账单为例，可以把月份作为分区键将主集合划分为 12 个子集合，那么当主集合接收到对一月份的某个账单的查找请求时，会转到一月份的子集合中开始查找，缩小了查找的范围。

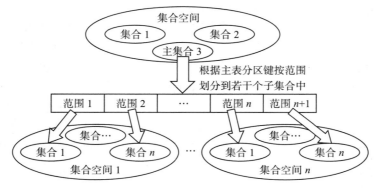

图 5.5　垂直分区

混合分区是水平分区与垂直分区的结合，如图 5.6 所示。继续刚才银行账单的例子，我们已经以月份作为分区键进行了垂直分区，接着以账号 ID 为分区键进行水平分区，不仅进一步细化了查找范围，还在读 / 写操作中还引入了并行计算，可以线性地增加效率。

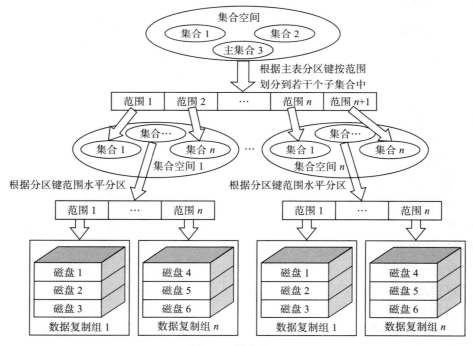

图 5.6　混合分区

5.1.3　数据选举

在巨杉分布式集群架构中，主节点可以进行读 / 写操作，而从节点只能进行读操作或备份。那么这个过程是如何实现的呢？如何应对主节点死机呢？

如图 5.7 所示，巨杉数据库的主从（数据）节点通过日志同步的方式来保证数据一致性。从节点获取到主节点推送的事务日志后，它会自动解析事务日志，并且进行重放。主从节点之间通过心跳保证连接，主节点有两轮接收不到超半数的从节点心跳时就会自动降为从节点；从节点有两轮接收不到主节点的心跳时就会发起选举投票，获得超半数的节点同意之后该节点会当选为主节点。在本小节中，将通过原理介绍与案例说明的方式讲解选举机制。

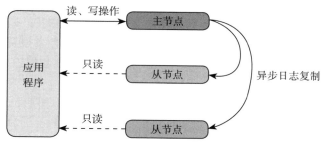

图 5.7　主从节点

当主节点死机以后，巨杉数据库会通过 Raft 算法进行选举。如图 5.8 所示，Raft 算法中有三种角色，分别为候选人（Candidate）、群众（Follower）与领袖（Leader）。当主节点连续两轮没有心跳之后，定时器被触发而产生候选人，候选人向其他群众发出选举请求。得到超半数群众同意之后，该候选人成为领袖，并与群众进行日志同步与心跳同步。为了保证选举成功，当候选人没有接收到所请求节点的选票时，可以自己投自己一票。

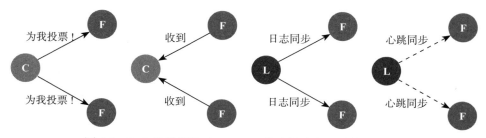

图 5.8　Raft 选举算法（C、F、L 代表候选人、群众、领袖）

选举算法 Raft 有三个准则。

● 存在主节点时，无法发起选举。

● 存活节点数量大于 $n/2$ 时，才能进行选举（n 为节点点数）。

● 选举人存在优先级，所基于依据的优先顺序为：LSN，weight，NodeID。其中 LSN 指日志序列号，表示拥有最新日志的节点优先；weight 指节点的权重，表示权重大的节点优先；NodeID 指节点号，表示新加入的节点优先。

下面进行多个场景模拟，进一步加深对 Raft 选举算法的理解。

首先假设数据组包含 3 个数据节点，分别是 A 节点（主节点，NodeID=1000，weight=10）、B 节点（NodeID=1001，weight=10）和 C 节点（NodeID=1002，weight=10），且在开始时磁盘、网络等客观资源都是充裕的。

场景一 数据组的主节点（A 节点）接收到写入数据的请求，并且刚完成数据的写入操作，但是还没有来得及将此写入任务同步给 B 节点和 C 节点。由于外力因素，A 节点的进程突然被强行关闭，那么此时该数据组中哪个节点会当选为主节点？

分析 该场景满足前两个准则，故可以正常进行选举。按照第三个准则，B 节点与 C 节点 LSN 与 weight 均相同，故 NodeID 较大的 C 节点当选为主节点。

场景二 数据组的主节点（A 节点）接收到写入数据的请求，并且在完成数据的写入操作后，刚刚将此写入任务同步给 B 节点，但是还没有来得及同步给 C 节点。由于外力因素，A 节点的进程突然被强行关闭，那么此时该数据组中哪个节点会当选为主节点？

分析 该场景满足前两个准则，故可以正常进行选举。按照第三个准则，LSN 较大的 B 节点当选为主节点。

场景三 开始时，该数据组的 3 个节点都是正常运行的，但是由于外力因素，突然 A 节点和 B 节点的进程被强行关闭，那么此时该数据组中哪个节点会当选为主节点？

分析 该场景不满足第二个准则，故无法进行选举。此时 C 节点始终处于从节点状态，只能提供读服务。

场景四 开始时，该数据组的 3 个节点都是正常运行的，但是由于外力因素，突然 A 节点的进程被强行关闭，然后 C 节点通过选举当选为主节点。在一段时间后，A 节点的进程被再次启动，请问 A 节点运转起来后，它会重新成为主节点吗？

分析 A 节点运转起来后，已经存在主节点 C，不满足第一个准则，故不会发起选举。

场景五 在开始时，该数据组的 3 个节点都是正常运行的，但是由于外力因素，突然 A 节点和 B 节点的进程被强行关闭，此时数据组中由于不满足选举最低要求，C 节点始终处于从节点状态，该数据组暂时缺少主节点，并且暂时无法提供数据写服务（数据读服务正常）。如果一段时间后，A 节点被重新启动，请问此时该数据组是否能够进行选举，如果能，请问哪个节点将当选为主节点？

分析 A 节点重新启动之后满足前两个准则，故可以正常进行选举。按照第 3 个准则，A 节点与 C 节点 LSN 与 weight 均相同，故 NodeID 较大的 C 节点当选为主节点。

5.1.4 数据同步

完成了选举之后，下面介绍如何进行数据同步。在巨杉数据库中，编目节点与数据节点均由数据文件及日志构成，由多个相同的副本组成数据组，其存储方式是大致相同的。其中日志默认由 20 个 64MB 的文件构成，主要包括编号与数据操作内容。不会永久保存日志文件，当所有的文件写满之后，会再从第一个文件开始覆盖性写入。

数据同步通常分为两种形式：增量同步与全量同步。

增量同步是指打补丁形式的日志同步工作。数据复制的源节点是含有新数据的节点，可以是主节点也可以是从节点。数据复制的目标节点是指请求进行数据复制的节点[4]。目标节点会寻找所含数据与当前数据最接近的节点发送复制请求，如果请求日志在源节点的日志缓冲区，则称为对等（peer）状态；如果请求日志不在日志缓冲区而是在日志文件中，则称为远程追赶（remote catchup）状态。

全量同步是指覆盖性写入。常见的全量同步场景有：1）一个新的节点加入数据组；2）节点故障导致数据损坏；3）节点日志远远落后于其他节点，即当前节点的日志已经不存在于其他节点的日志文件中等。全量同步中源节点必须是主节点，目标节点中的数据都会被覆盖。

巨杉数据库可以在表的级别对一致性进行设置。如图 5.9 所示，ReplSize 参数代表一致性取值。当其取值为"0"时代表强一致性，必须在新数据写入所有节点之后，才能提交事务日志，若存在死机节点则无法完成写入；当其取值为"−1"时代表弹性一致性，主节点存在并且确保新数据写入所有现存节点之后，可以提交事务日志；当其取值为从 1 到 7 的数字 n（一个数据组最多有 7 个数据节点）时，表示只要新数据写入 n 个节点中，就可以提交事务日志。因此，如果设置为 1，只要写入主节点即可提交成功。强度越高，数据安全性越好，但是执行的效率会相对较低，反之亦然。

ReplSize 参数数值	参数说明
−1	• 代表弹性强一致性 • 例如副本数为 3，当所有的副本节点都正常运行时，数据库将确保数据同时成功写入 3 个副本中才提交该事务日志 • 如果其中一个节点死机，但是该数据分区组中仍然存在主节点，则数据库需要确保数据同时成功写入 2 个副本节点中才提交事务日志
0	• 代表强一致性 • 例如副本数为 3，当所有的副本节点都正常运行时，数据库将确保数据同时成功写入 3 个副本中才提交该事务日志 • 如果其中一个节点死机，但是该数据分区组中仍然存在主节点，则数据库仍然需要确保数据同时成功写入 3 个副本中才提交事务日志，所以如果分区组中存在死机节点，则该数据分区组无法写入新的记录
1～7	• 1～7 数值代表分区组中写入记录时，应该确保写入多少个节点中才可以提交该事务日志，否则认为该事务操作失败。因此，如果设置为 1，只要写入主节点，事务即可提交成功。强度越高，数据安全性越好，但是执行的效率会相对较低，反之亦然

图 5.9　一致性取值

5.2　高可用能力演示

上面已经对分布式原理进行了讲解，本节主要通过上机操作的方式，对高可用能力进行验证。在下面的两个小节中，将分别对 MySQL 数据库实例高可用与文件系统实例高可用进行验证。

5.2.1 MySQL 数据库实例高可用

在本小节中，以同个数据组的 2 个数据节点 Node01 与 Node02 为例，对巨杉数据库的高可用能力进行演示。

（1）初始状态下，Node01 与 Node02 中的 cat01 表的内容为：

```
mysql> select * from cat01;
+---+-----+----------------+
| a | b   |       c        |
+---+-----+----------------+
| 1 | 101 | SequoiaDB test |
| 2 | 102 | SequoiaDB test |
+---+-----+----------------+
2 rows in set (0.00 sec)
```

（2）在 Node01 中插入两条数据：

```
mysql> insert into cat01 values(3, 103, "SequoiaDB test")
Query OK, 1 row affected (0.00 sec)
mysql> insert into cat01 values(4, 104, "SequoiaDB test")
Query OK, 1 row affected (0.00 sec)
```

（3）接着在 Node01 与 Node02 中再次查找 cat01 表，结果均为：

```
mysql> select * from cat01;
+---+-----+----------------+
| a | b   |       c        |
+---+-----+----------------+
| 1 | 101 | SequoiaDB test |
| 2 | 102 | SequoiaDB test |
| 3 | 103 | SequoiaDB test |
| 4 | 104 | SequoiaDB test |
+---+-----+----------------+
4 rows in set (0.00 sec)
```

由以上演示可知，虽然 Node01 与 Node02 是两个不同的节点，但是存储的是同一组数据，修改会对所有节点生效。那么如果一个节点死机，是否会影响其他节点呢？

（4）接着刚才的例子，把 Node02 关机：

```
mysql> exit
Bye
```

（5）之后在 Node01 上进行查找：

```
mysql> select * from cat01;
+---+-----+----------------+
| a | b   | c              |
+---+-----+---------- -----+
| 1 | 101 | SequoiaDB test |
```

| 2 | 102 | SequoiaDB test |

| 3 | 103 | SequoiaDB test |

| 4 | 104 | SequoiaDB test |

+---+-----+---------------+

4 rows in set (0.00 sec)

通过上面的实战测试能够发现单个节点死机并不会影响其他节点的正常运行。

5.2.2　文件系统实例高可用

巨杉数据库提供了类似于 NFS（网络文件系统）的共享文件系统，在 Node01 与 Node02 上面访问到的文件都是相同的。下面进行演示：

（1）首先在 Node01 与 Node02 上查看目录：

sdbadmin@sdb02:/opt/sequoiaDB/mountpoints ll

total 40

drwxr-xr-x　6 sdbadmin sdbadmin_group 4096 Jan　1　1970　./

drwxr-xr-x 23 sdbadmin sdbadmin_group 4096 Sep 11　10:18　../

-rw-r--r--　1 sdbadmin sdbadmin_group 27 Jan 30　10:18　happyfile

drwxr-xr-x 1 sdbadmin sdbadmin_group 27 Jan 30　10:20　testdir/

......

（2）在 Node01 上增加文件：

sdbadmin@sdb02:/opt/sequoiaDB/mountpoints touch happyfile2

sdbadmin@sdb02:/opt/sequoiaDB/mountpoints echo 'Hello, this is a testfile!' >> happyfile 2

sdbadmin@sdb02:/opt/sequoiaDB/mountpoints mkdir testdir2

（3）在 Node01 与 Node02 上再次查看目录，结果均为：

sdbadmin@sdb02:/opt/sequoiaDB/mountpoints ll

total 48

drwxr-xr-x　7 sdbadmin sdbadmin_group 4096 Jan　1　1970　./

drwxr-xr-x 23 sdbadmin sdbadmin_group 4096 Sep 11　10:18　../

-rw-r--r--　1 sdbadmin sdbadmin_group 27 Jan 30　10:18　happyfile

-rw-r--r--　1 sdbadmin sdbadmin_group 27 Jan 30　13:20 happyfile2

drwxr-xr-x 2 sdbadmin sdbadmin_group 27 Jan 30　10:20　testdir/

drwxr-xr-x 2 sdbadmin sdbadmin_group 27 Jan 30　13:22　testdir2/

......

除了本章介绍的这两种存储形式之外，巨杉数据库对 PostgreSQL 数据库与 S3 文件均可实现高可用，具体验证策略各位读者可自行了解。

5.3　集群扩容与缩容

在实际生产环境中，应用对资源的需求是不断变化的。比如网购应用的资源需求会因为促销活动而出现周期性的波动，有时候处于高峰期，有时候处于波谷期。因此分布式数据库需要能够根据应用的需求，灵活地进行集群的扩容与缩容 [5]。

接下来，本书将会在 5.3.1 节中对巨杉数据库的图形管理界面（即 SAC）进行简单的介绍；之后在 5.3.2 节与 5.3.3 节中，分别对集群扩容与缩容的相关理论及实现方法进行详细的讲解。

5.3.1 SAC

SAC（SequoiaDB Administration Center）是巨杉数据库的管理中心，其通过图形化界面对巨杉数据库进行部署、监控、管理及数据操作。对于 SAC 的详细讲解，请参考第4、7 章的相关内容。

SAC 有功能强大，且操作灵活、快速、简便等优点，因此在接下来的两个小节中使用 SAC 作为演示平台进行扩容与缩容的操作。

5.3.2 集群扩容

扩容操作是指往存储集群新增一个或多个节点。业务系统非结构化数据年增长量较大，数据越来越多。在业务系统投产后，业务量的增加使得集群可使用存储容量逐渐变小，因此在业务系统接入集群前需考虑存储容量耗尽后整个集群的水平扩展。

SequoiaDB 是分布式架构的多模数据库，因此可以通过集群的扩容实现集群性能的近线性增长。扩容主要解决的两个问题是数据存储的容量问题和整个集群的性能问题 [6]。因为数据量的不断增长及上线后的推广使用，所以需要进行扩容来提升集群性能及增加数据存储空间。接下来描述集群扩容的操作。

进入部署→分布式存储页面，如图 5.10 所示。

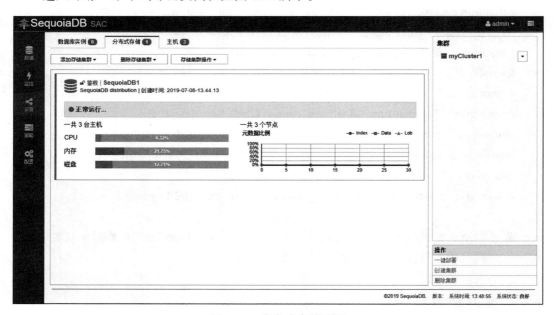

图 5.10　分布式存储页面

点击存储集群操作→扩容，如图 5.11 所示。

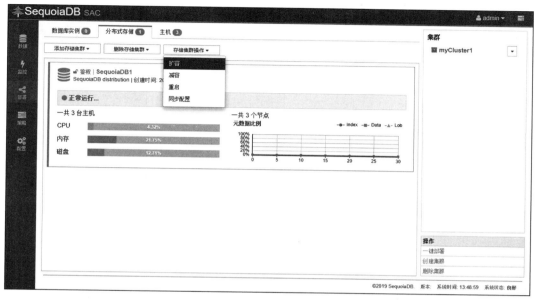

图 5.11 扩容

选择要扩容的存储集群，点击确定按钮，如图 5.12 所示。

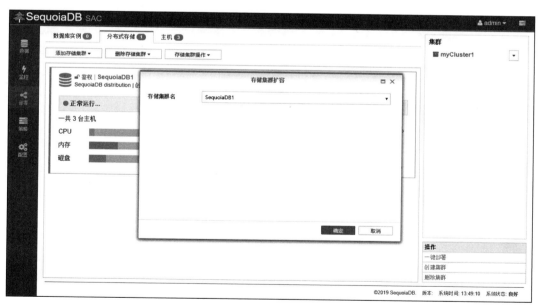

图 5.12 存储集群扩容

选择扩容模式，这里可以根据实际需求选择增加的副本数。下面的演示从 1 个副本增加到 3 个副本。首先添加分区组，设置分区组数和副本数，点击下一步，如图 5.13 所示。

　　然后添加副本数，设置每个分区组需要添加的副本数，点击下一步，如图 5.14 所示。

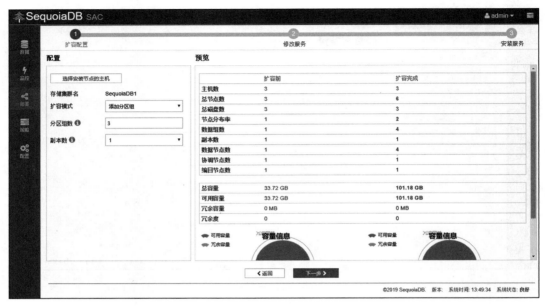

图 5.13　添加分区组

图 5.14　添加副本数

　　在修改服务页面，可以修改新增节点的配置，修改后点击下一步，如图 5.15 所示。

图 5.15　修改服务

小贴士

（1）批量修改节点通过配置数据路径和服务名支持特殊规则来简化修改。规则可以点击页面提示的帮助获得。

（2）批量修改节点配置时，如果值为空，那么代表该参数的值不修改。

等待任务完成，如图 5.16 所示。

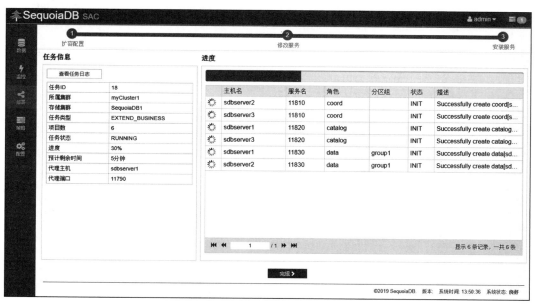

图 5.16　等待任务完成

任务完成，此时页面如图 5.17 所示。

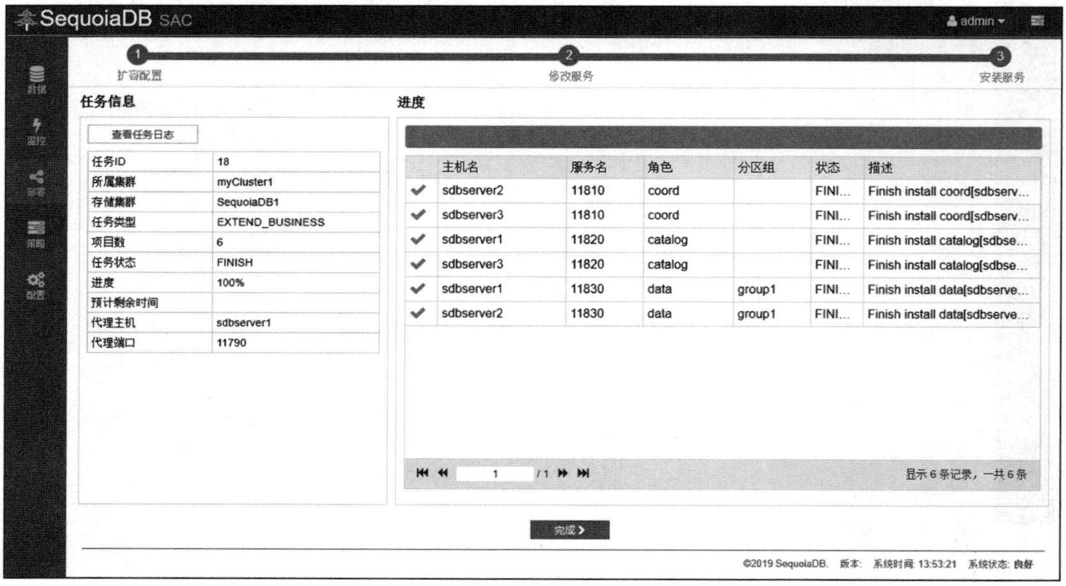

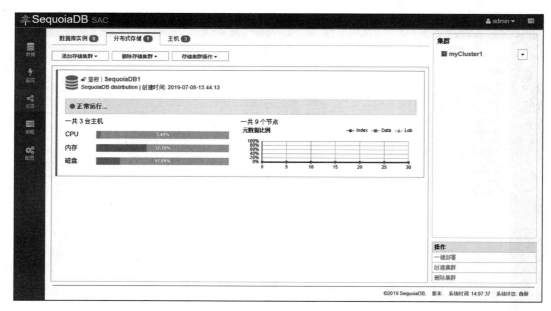

图 5.17　任务完成

5.3.3　集群缩容

缩容操作是指删除存储集群的一个或多个节点，接下来描述其操作。

进入部署→分布式存储页面，如图 5.18 所示。

图 5.18　分布式存储页面

点击存储集群操作→减容，减容页面如图 5.19 所示。

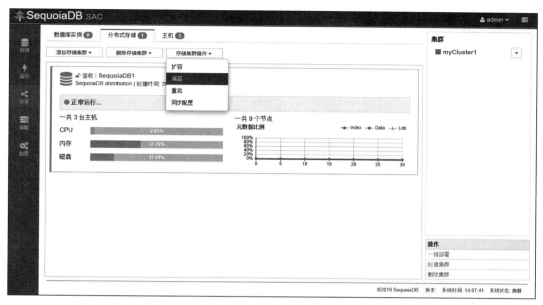

图 5.19　减容

选择要减容的存储集群，如图 5.20 所示。

图 5.20　存储集群减容

这里演示的是有 3 个副本的环境，如图 5.21 所示。

将所有分区组从有 3 个副本改为单副本，如图 5.22 所示。

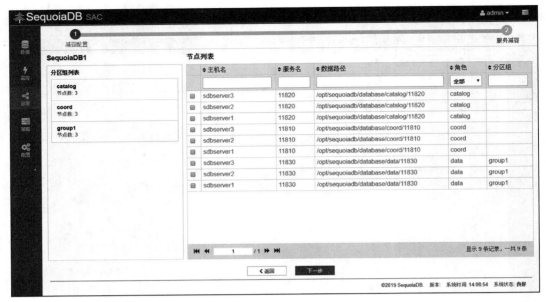

图 5.21 副本环境

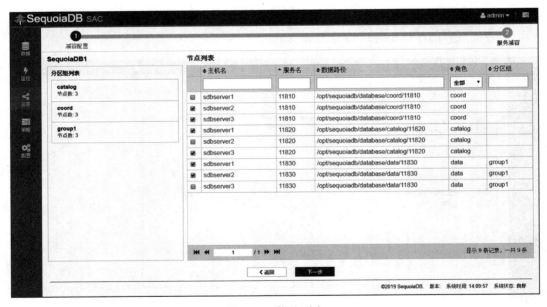

图 5.22 修改副本

小贴士

（1）删除整个数据组前，要确保该数据组没有数据，否则将无法全部删除它，会留下一个节点。

（2）为了保证存储集群正常工作，必须保留至少 1 个协调节点和 1 个编目节点。

任务进度如图 5.23 所示。

任务完成，此时页面如图 5.24 所示。

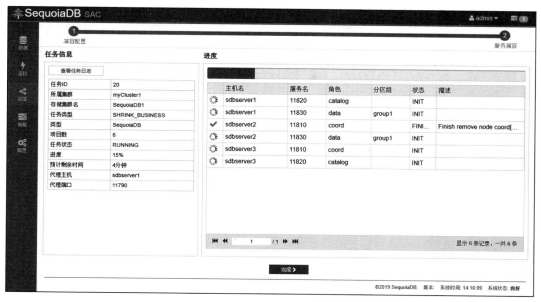

图 5.23　任务进度

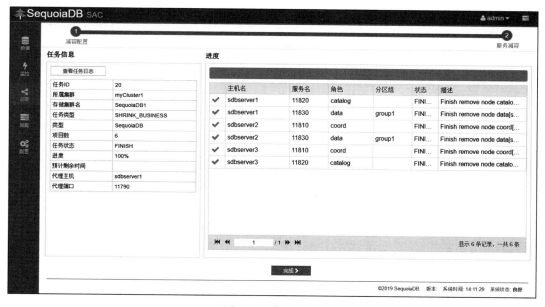

图 5.24　任务完成

本章小结

本章主要介绍了巨杉数据库的分布式原理、验证及扩容与减容的操作。其中分布式原理中涉及了巨杉分布式集群架构、数据分区机制、数据选举与数据同步的实现方式，是巨杉分布式数据库与普通数据库的主要不同，也是读者应当掌握的重点。

参考文献

[1]　崔跃生，张勇，曾春，等 . 数据库物理结构优化技术 [J]. 软件学报，2013，24（4）：761-780.

[2]　覃雄派，王会举，杜小勇，等 . 大数据分析——RDBMS 与 MapReduce 的竞争与共生 [J]. 软件学报，2012，23（1）：32-45.

[3]　刘欢，刘鹏举，王天一，等 . 智能数据分区与布局研究 [J]. 软件学报，2021，33（10）：3819-3843.

[4]　张莲，李京，刘炜清 . 云同步系统中采用增量存储的版本控制技术研究 [J]. 小型微型计算机系统，2015，36（3）：427-432.

[5]　董昊文，张超，李国良，等 . 云原生数据库综述 [J]. 软件学报，2024，35（2）：899-926.

[6]　张龙立 . 云存储技术探讨 [J]. 电信科学，2010，26（8A）：71-74.

课后习题

1. 存储层由_____、_____和_____组成，其中不存放数据的是_____。

2. 下面分区方式（　　）能使 I/O 速度获得线性提升。

    A. 水平分区　　　　　　　B. 垂直分区　　　　　　　C. 都可以　　　　　　　D. 都不可以

3. （多选）假设一个数据组中有 3 个数据节点，其中有 1 个死机，另外 2 个运行良好。当一致性参数 ReplSize 为（　　）时，无法正常进行数据写入。

    A. -1　　　　　　　　　B. 0　　　　　　　　　C. 1　　　　　　　　　D. 3

4. 场景演练

    假设数据组包含 3 个数据节点，分别是 A 节点（主节点，NodeID=1000，weight=10）、B 节点（NodeID=1001，weight=10）和 C 节点（NodeID=1002，weight=9），且在开始时磁盘、网络等客观资源都是充裕的。

    （1）在开始时，该数据组的 3 个节点都是正常运行的，但是由于外力因素，突然 A 节点的进程被强行关闭，请用三个准则进行分析，哪个节点将当选为主节点？

    （2）假设 A 节点的数据并没有被损坏，在 A 节点重新开机后，在何种情况下，A 节点会进行增量同步？又在何种情况下，A 节点会进行全量同步？

    （3）在 A 节点同步完成之后，请设计一个场景，使 A 重新成为主节点。

5. 请仿照 5.2.1 节的内容，试着完成 PostgreSQL 数据库实例高可用的验证。

第6章 数据迁移、备份与恢复

数据迁移和数据备份与恢复这两个概念很容易被混淆。正确理解这两个概念对于数据复制有着很重要的意义。本章将利用实例分别对这两个概念进行介绍。

本章主要分为两个部分，第一部分（6.1 节和 6.2 节）将会着重介绍数据迁移的实例，第二部分（6.3 节和 6.4 节）将会介绍数据库和集群的备份与恢复。

本章学习目标：

- 理解将 SQL 文件从 MySQL 迁入 SequoiaDB 的实例。
- 熟悉数据备份与恢复的概念。
- 熟悉数据库迁移、备份与恢复的相关命令。

6.1 批量数据迁移

随着互联网的飞速发展，互联网的业务量呈爆发性增长，数据量也出现激增。传统的单机数据库在存储空间及性能上遇到了瓶颈，这将使其无法支撑企业业务的高速发展。伴随着海量数据对系统性能、成本以及扩展性的新需求，分布式数据库系统应运而生 [1]。SequoiaDB 作为一款优秀的分布式文档型数据库，其底层是基于分布式、高可用、高性能与动态数据类型设计的，能够应对海量数据的存储，并且提供高效检索。

6.1.1 批量数据迁入

传统数据库可以利用分布式数据库的优势来打破其自身的瓶颈 [2]。比如，将历史数据迁移到 SequoiaDB 中，由 SequoiaDB 提供存储及业务服务，以缓解传统数据库自身的压力。数据迁移分为全量数据迁移和增量数据迁移，本节主要对从 MySQL 到 SequoiaDB 的增量数据迁移过程进行介绍。

6.1.2 使用 mysqldump 工具实现数据迁移实例

本节将会介绍如何使用 MySQL 的 mysqldump 工具将数据从 MySQL 数据库迁移到 SequoiaDB 数据库。首先通过存储过程制造测试数据：

```
#mysql -h 127.0.0.1 -P 3306 -u root
mysql>create database news;
mysql>use news;
mysql>create table user_info(id int(11),unickname varchar(100));
delimiter //
```

```
create procedure `news`.`user_info_PROC`()
begin
declare iloop smallint default 0;
declare iNum mediumint default 0;
declare uid int default 0;
declare unickname varchar(100) default 'test';
while iNum <=10 do
 start transaction;
while iloop<=10 do
set uid=uid+1;
set unickname=CONCAT('test',uid);
    insert into `news`.`user_info`(id,unickname)
     values(uid,unickname);
set iloop=iloop+1;
   end while;
set iloop=0;
set iNum=iNum+1;
   commit;
end while;
end//
delimiter ;
call news.user_info_PROC()
```

查看制造测试数据的状况：

```
mysql> use news;
Database changed
mysql> show tables;
+----------------+
| Tables_in_news |
+----------------+
| user_info      |
+----------------+
1 row in set (0.00 sec)
mysql> select count(*) from user_info;
+----------+
| count(*) |
+----------+
|    121 |
+----------+
   1 row in set (0.01 sec)
```

执行下面的 mysqldump 备份指令:

#/opt/sequoiasql/mysql/bin/mysqldump -h 127.0.0.1 -P 3306 -u

root -B news > news.sql

读者可以查看到对应的文件为 news.sql。然后登录数据库删除原来的数据库数据:

mysql> drop database news;

Query OK, 1 row affected (0.10 sec)

mysql> show databases;

```
+--------------------+
| Database           |
+--------------------+
| information_schema |
| mysql              |
| performance_schema |
| sys                |
+--------------------+
```

4 rows in set (0.00 sec)

用 source 命令导入新的数据,使用 mysqldump 导出的完整 SQL 语句,可以直接在数据库中执行导入指令:

#/opt/sequoiasql/mysql/bin/mysql -h 127.0.0.1 -P 3306 -u root

mysql>source news.sql

mysql> use news;

Reading table information for completion of table and column names

You can turn off this feature to get a quicker startup with-A

Database changed

mysql> show tables;

```
+----------------+
| Tables_in_news |
+----------------+
| user_info      |
+----------------+
```

1 row in set (0.00 sec)

可以看到 news 表,这样就代表成功地将 news 表从 MySQL 迁移到 SequoiaDB 了。

6.1.3 mydumper 和 myloader 多线程实例

本节将介绍有关 mydumper 和 myloader 工具的使用。

mysqldump 是 MySQL 自带的工具。mydumper 和 myloader 是由 MySQL 等公司开发和维护的一套逻辑备份恢复工具,需要单独安装。

在 SequoiaDB 中使用 mydumper 和 myloader 时,我们首先查看 mydumper 版本号:

```
# mydumper --version
mydumper 0.9.1, built against MySQL 5.7.17
```

使用 mydumper 导出数据，删除原来的数据库：

```
mysql> show databases;
+--------------------+
| Database           |
+--------------------+
| information_schema |
| mysql              |
| news               |
| performance_schema |
| sys                |
+--------------------+
5 rows in set (0.00 sec)
mysql> drop database news;
Query OK, 1 row affected (0.13 sec)
mysql> show databases;
+--------------------+
| Database           |
+--------------------+
| information_schema |
| mysql              |
| performance_schema |
| sys                |
+--------------------+
4 rows in set (0.00 sec)
```

读者可以看到数据已经被删除，然后利用 myloader 导入数据：

```
mysql> show databases;
+--------------------+
| Database           |
+--------------------+
| information_schema |
| mysql              |
| news               |
| performance_schema |
| sys                |
+--------------------+
5 rows in set (0.00 sec)
```

```
mysql> use news;
Reading table information for completion of table and column names
You can turn off this feature to get a quicker startup with -A
Database changed
mysql> show tables;
+----------------+
| Tables_in_news |
+----------------+
| user_info      |
+----------------+
1 row in set (0.00 sec)
mysql> select count(*) from user_info;
+----------+
| count(*) |
+----------+
|      121 |
+----------+
1 row in set (0.00 sec)
```

SequoiaDB 数据库支持 MySQL 的兼容工具 mydumper 及 myloader。迁移 MySQL 数据库的数据只需要利用 mydumper 把 MySQL 数据导出之后，再利用 myloader 导入 SequoiaDB 数据库中即可。

6.1.4　使用 csv 文件实现数据迁移

使用 csv 文件实现数据迁移分以下 4 步。
- 在 InnoDB 的 MySQL 实例上使用 selectintofile 导出数据。
- 修改 auto.cnf 配置文件。
- 在 SequoiaDB 的 MySQL 实例上创建相同结构的表。
- 使用 sdbimprt 导入 csv 文件。

6.2　实时数据迁移

为了能够提供简单便捷的数据迁移和导入功能，同时更方便地与传统数据库在数据层进行对接，SequoiaDB 数据库支持多种方式的数据导入，用户可以根据自身需求选择最适合的方式加载数据。

6.2.1　从 MySQL 迁移数据——实时复制

SequoiaDB 以存储引擎的方式与 MySQL 对接，使得用户可以通过 MySQL 的 SQL 接口访问 SequoiaDB 中的数据，并进行增、删、改、查等操作。

1. 示例

使用 MySQL 向 SequoiaDB 导入数据有以下几种方式。

（1）SQL 文件导入。

mysql>source/opt/table1.sql

（2）csv 文件导入。MySQL 中提供了 load data local in file 语句来插入数据：

mysql> load data local in file '/opt/table2.csv' into table table2 fields terminated by ',' enclosed by '"' lines terminated by '\n';

2. 导入性能优化

对于提升 MySQL 的导入性能有如下建议。

（1）使用 sequoiadb_conn_addr 指定多个地址。利用引擎配置参数"sequoiadb_conn_addr"尽量指定多个协调节点的地址，用"，"分隔多个地址，数据会随机发到不同协调节点上，起到负载均衡的作用。

（2）开启 bulkinsert。利用引擎配置参数"sequoiadb_use_bulk_insert"指定是否启用批量插入，该参数默认值为"ON"，表示启用。配置参数"sequoiadb_bulk_insert_size"指定批量插入时每批插入的记录数，默认值为 2000，可以通过调整该参数提高插入性能。

（3）切分文件。可以将一个大的数据文件切分为若干个小文件，然后为每个小文件启动一个导入进程，实现多个文件的并发导入，提高导入速度。

6.2.2　从 MySQL 到 SequoiaDB 的复制实例

当应用系统需要切换数据库时，DBA 需要将旧数据库上的数据全部复制至新数据库，数据迁移工作主要分为以下 5 个步骤。

（1）将旧数据库中创建的数据表和索引导出。

（2）将旧数据库中数据表的数据导出为数据文件。

（3）根据新数据库的语法规则，对旧数据库中的数据表创建语句、索引创建语句进行调整。

（4）在新数据库中创建对应的数据表和索引。

（5）将数据文件导入新数据库中。

在数据表较多的情况下，采用人工处理的方式完成以上数据迁移工作时工作量大且慢，此时可以使用脚本实现自动化。针对此数据迁移的场景，推荐使用 etlAlchemy 工具。

etlAlchemy 基于 Python 的 SQLAlchemy 库实现，能够通过简短的几行代码帮助用户快速迁移整个数据库。目前，该工具支持以下数据库：MySQL、PostgreSQL、MSSQL、Oracle、SQLite。

虽然 etlAlchemy 目前只支持以上 5 种数据库，但是由于它是基于 SQLAlchemy 库实现的，因此理论上 SQLAlchemy 支持的所有主流数据库，etlAlchemy 均可以通过修改源码来增加支持。感兴趣的读者可以修改源码实现。

针对上述的数据库，etlAlchemy 提供了以下的功能特性。

- 支持根据数据表名过滤数据表。
- 支持迁移模式（Schema）、数据、索引以及外键。
- 支持过滤值为 null 的数据列。
- 支持过滤记录为空的数据表以及所有数据列的值均为 null 的数据表。
- 支持根据主键更新和插入数据，即若目的端存在主键相同的记录，则更新该记录的值，否则插入记录。
- 支持修改模式，包括修改数据列名、修改数据列类型、删除数据列、重命名数据表、删除数据表。
- 支持根据指定后缀名批量修改数据列名。
- 支持忽略数据列名包含指定后缀名的数据列。

由此可见，etlAlchemy 的功能很强。etlAlchemy 工具的主要实现思路是 etlAlchemy 对源数据库的数据表逐个进行 ETL 过程处理，而 ETL 过程与数据迁移工作的过程比较类似，如下为具体处理过程。

（1）获取数据表的索引信息、外键信息。

（2）将数据表的所有数据行抽取并映射至内存中。

（3）对数据行进行数据转换处理，根据目的数据库类型存储为 SQL 文件或 csv 文件，其中 MSSQL、Oracle 库存储为 SQL 文件，其余数据库类型则存储为 csv 文件。

（4）在目的端数据库中创建数据表。

（5）调用目的端数据库的数据导入工具将 csv 文件导入目的端，或执行 SQL 文件的 SQL 语句插入数据至目的端数据库。

（6）创建数据表的索引、外键。

（7）清理临时生成的数据文件。

（8）创建索引和外键。

etlAlchemy 只支持传统的 SQL 数据库，为什么能够基于 etlAlchemy 工具将 MySQL 的数据迁移至 SequoiaDB 呢？

前面介绍 SequoiaDB 采用计算 – 存储分离的架构，可以针对不同的应用提供不同的数据库实例，如采用 MySQL 数据库的应用可以部署 MySQL 实例与其进行对接。对于将数据从 MySQL 数据库迁移至 SequoiaDB 的情况，则可以通过部署 MySQL 实例作为 etlAlchemy 的目的端数据库实现。MySQL 实例是 SequoiaDB 的 SQL 计算层，这对 etlAlchemy 工具而言，数据只是从 MySQL 数据库迁移至另一个 MySQL 数据库。

接下来从几个方面演示 etlAlchemy 的安装及 MySQL 数据迁移的使用。etlAlchemy 的安装部署主要分为以下 3 个步骤。

（1）安装 mysql-devel 和 python-devel 库（示例环境是 CentOS 7.2）：

```
yum intall mysql-devel python-devel
Copy
```

（2）使用 pip 安装 etlAlchemy：

```
pip install etlalchemy
Copy
```

（3）etlAlchemy 依赖 DB-API 来访问源端和目的端数据库，因此迁移不同的数据库时需要安装不同的 DB-API，在此以 MySQL 为例：

pip install mysql-python

Copy

假设已有 MySQL 和 SequoiaDB 集群环境，我们计划在 server2 机器上安装部署 MySQL 实例[⊖]。

安装部署 MySQL 实例主要分为以下 6 个步骤。

（1）到官网下载 SequoiaDB 安装包。3.0 及以上版本提供 MySQL 实例，MySQL 实例的版本需要跟 SequoiaDB 版本保持一致。

（2）解压安装包：

tar--zxvf sequoiadb-3.2.3-linux_x86_64.tar.gz

Copy

（3）切换至 root 用户，安装 MySQL 实例：

su root

sh setup.sh --mysql

Copy

（4）添加 MySQL 实例：

/opt/sequoiasql/mysql/bin/sdb_sql_ctl addinst mysqlinstance1 -D /opt/sequoiasql/

Copy

其中，-D 用于指定 MySQL 实例的元数据信息存储目录。addinst 后面跟着的是实例名，当在一台机器上部署着多个 MySQL 实例时，每个实例名在本机上必须唯一。

（5）MySQL 实例安装部署完毕，使用 MySQL 客户端或者其他 MySQL 图形化操作界面连接 MySQL 实例进行数据操作：

mysql -uroot -h127.0.0.1

Copy

（6）创建数据迁移的 MySQL 实例用户 test：

mysql

mysql> CREATE USER test IDENTIFIED BY 'test';

Query OK, 0 rows affected (0.16 sec)

mysql> GRANT ALL PRIVILEGES ON *.* TO 'test'@'%' ;

Query OK, 0 rows affected (0.01 sec)

mysql> FLUSH PRIVILEGES;

Query OK, 0 rows affected (0.08 sec)

Copy

假设已经根据上述环境信息表准备好对应的环境，现有需求是将 MySQL 数据库上的 test 库复制至 SequoiaDB 数据库中。这通过下述 4 步实现。

（1）查看 MySQL 的 test 库上的数据：

mysql

⊖ SequoiaDB 数据库集群部署教程可以参考官方教程。

```
mysql> use test;
Reading table information for completion of table and column names
You can turn off this feature to get a quicker startup with -A

Database changed
mysql> select * from test;
+------+------+
| id   | name |
+------+------+
|    1 | test1 |
|    2 | test2 |
|    3 | test3 |
|    4 | test4 |
|    5 | test5 |
|    6 | test6 |
|    7 | test7 |
+------+------+
7 rows in set (0.00 sec)
```
Copy

（2）新建一个 python 脚本文件，输入以下代码并保存文件 migrateDb.py：

```python
#!/usr/bin/python
from etlalchemy import ETLAlchemySource, ETLAlchemyTarget
# 数据库的用户名、密码、主机、字符编码需要根据实际情况编写
source = ETLAlchemySource("mysql://test:test@server1/test?charset=utf8")
target = ETLAlchemy
Target("mysql://test:test@server2/test", drop_database=True)
target.addSource(source)target.migrate()
```
Copy

（3）执行 python 脚本，即可自动将 MySQL 上的 test 库迁移至 SequoiaDB 中：

```
python migrateDb.py
```
Copy

（4）在 MySQL 实例上检查数据是否已经迁移成功：

```
mysql
mysql> use test;
Reading table information for completion of table and column names
You can turn off this feature to get a quicker startup with -A

Database changed
mysql> select * from test;
+------+------+
| id   | name |
```

```
+------+------+
|  1 | test1 |
|  2 | test2 |
|  3 | test3 |
|  4 | test4 |
|  5 | test5 |
|  6 | test6 |
|  7 | test7 |
+------+------+
```

7 rows in set (0.00 sec)

Copy

从上面的步骤可以得知，etlAlchemy 工具能够将 MySQL 的数据方便快捷地迁移至 SequoiaDB 中。那么，该工具数据迁移的性能如何呢？

根据官方的性能测试数据，整个 MySQL 库有 400 万条数据，大小为 150MB，将这些数据从 MySQL 迁移至另一个 MySQL 的耗时为 4m38s。

虽然 etlAlchemy 工具能够通过简单的几行代码完成整个数据库的数据迁移工作，但是在使用该工具时，还是需要注意以下事项。

（1）对于时间类型的数据，时间格式均取所有数据库开箱即用的默认值。

（2）字符串类型的值不能包含字符"|"或字符串"*"，否则可能会引起数据导入失败。

（3）不支持迁移 MSSQL 的外键。

（4）工具与 Windows 不兼容。

（5）迁移 MSSQL 和 Oracle 的速度比较缓慢，对该问题有兴趣的读者可以对代码进行优化，提高数据迁移性能。

（6）确保机器的可用内存大于数据表的大小，避免内存不足导致迁移程序被系统删除。

（7）确保迁移程序所在的磁盘空间足够存储从数据表导出的数据文件。

总之，SequoiaDB 数据库完全兼容 MySQL，利用 etlAlchemy 工具能够通过简单的几行代码帮助用户快速将整个 MySQL 库复制至 SequoiaDB 中。

6.3　数据库实例备份与恢复

SequoiaDB 可以作为 MySQL 的数据存储引擎，数据可以通过 MySQL 的备份命令进行备份，常用的备份命令包括以下两种。

- MySQL 自带的备份命令 mysqldump，如备份实例中的所有数据库：

  mysqldump--uroot--p3456--P3306--A>all_db.sql

- 使用 mydumper 实现数据库备份，示例如下：

  mydumper--database sbtset--outputdir

  /home/sdbadmin/work/mysqlbak--u root--p root--S

  /opt/sequoiaspl/mysql/database/3306/mysql.sock

mydumper 采用多线程模式导出数据，其备份性能要远远高于 mysqldump。

在 MySQL 实例所在的场景中，可以使用其自带的数据库恢复命令及其第三方程序来恢复数据库实例。

- 使用 MySQL 自带的数据库恢复命令。

  对采用 mysqldump 工具产生的备份数据库文件，可以使用以下命令来恢复：

  mysql>source/home/sdbadmin/work/mymasterdb.sql

- 对使用 mydumper 工具产生的备份数据库文件，可以使用 myloader 恢复：

  myloader--d /home/sdbadmin/work/mysqlbak localhost--u root--p root--S

  /opt/sequoiasql/mysql/database/3306/mysqld.sock

6.4　集群备份与恢复

当前版本中，数据库备份支持全量备份和增量备份。全量备份过程中会阻塞数据库变更操作，即数据插入、更新、删除等变更操作在全量备份完成前会受到阻塞。增量备份过程中则不阻塞数据库变更操作。

- 全量备份：备份整个数据库的配置、数据和日志（可选）。
- 增量备份：在上一个全量备份或增量备份的基础上备份新增的日志和配置；增量备份需要保证日志的连续性和一致性，如果日志不连续，或日志散列校验不一致，则增量备份失败。因此，周期性的增量备份需要计算好日志和周期的关系，以防止日志覆写。

恢复过程是备份策略的关键组成部分，正确的备份和恢复策略能够最大限度地减少数据丢失风险，并确保在数据意外损坏或丢失时，能够迅速恢复业务运行。

在数据丢失或损坏的情况下，可以使用最近的全量备份来恢复整个数据库到备份时的状态。恢复过程中，将使用备份文件中的配置、数据和日志（如果备份了日志）来重建数据库。

增量备份恢复需要先进行最近一次的全量备份恢复，随后按照时间顺序逐个应用增量备份。这一过程需要确保所有备份的日志连续且一致，以完成从全量备份点到最后一个增量备份点的完整恢复。

6.4.1　全量备份恢复

1. 全量备份整个数据库

（1）连接到协调节点：

$ /opt/sequoiadb/bin/sdb

var db = new Sdb("localhost", 11810)

（2）执行全量备份命令：

db.backup({ Name: "backupName", Description: "backup for all" })

2. 全量备份指定组的数据库

（1）连接到协调节点：

$ /opt/sequoiadb/bin/sdb

var db = new Sdb("localhost", 11810)

（2）执行全量备份命令：

db.backup({ Name: "backupName", Description: "backup group1", GroupName: "group1" })

全量恢复过程如下，恢复当前集群中的数据节点连接到协调节点：

$ /opt/sequoiadb/bin/sdb

>var db = new Sdb("localhost",11810)

得到分区组：

> dataRG = db.getRG("group1")

停止分区组：

>dataRG.stop()

通过终端登录相应分区组的数据节点，执行数据恢复：

sdbadmin@hostname1:/opt/sequoiadb>bin/sdbrestore -p database/11830/bakfile -n test_bk

在数据节点目录中检查文件是否恢复：

sdbadmin@hostname1:/opt/sequoiadb /database/11830>ls -l

6.4.2 增量备份恢复

1. 增量备份指定节点的数据库

（1）连接到协调节点：

$ /opt/sequoiadb/bin/sdb

var db = new Sdb("localhost", 11810)

（2）执行增量备份命令：

db.backup({ Name: "backupName", Description: "increase backup for all", GroupName: "group1" })

2. 增量备份指定组的数据库

（1）连接到协调节点：

$ /opt/sequoiadb/bin/sdb

var db = new Sdb("localhost", 11810)

（2）执行全量备份命令：

db.backup({ Name: "backupName", Description: "increase backup group1", GroupName: "group1" })

本章小结

本章主要介绍了 SequoiaDB 数据库的数据迁移、备份与恢复的相关操作。其中数据迁移涉及了迁移 MySQL 数据至 SequoiaDB 的几种实例，这些实例表明 SequoiaDB 完全兼容 MySQL 数据库，SequoiaDB 能够使用 MySQL 相关的所有工具。

参考文献

[1]　齐磊 . 大数据分析场景下分布式数据库技术的应用 [J]. 移动通信，2015，39（12）：58-62.

[2]　田俊峰，刘玉玲，杜瑞忠 . 具有冗余结构的分布式数据库服务器及其负载平衡模型 [D]. 2004.

课后习题

1. 请简述数据迁移的概念。
2. 请简述从 MySQL 到 SequoiaDB 的增量数据迁移过程。
3. 请分析 SequoiaDB 如何使用 MySQL 的 mydump 工具进行数据迁移。
4. 请分析 SequoiaDB 如何使用 mydumper 和 myloader 工具进行数据迁移。
5. 请分析 SequoiaDB 如何使用 csv 文件进行数据迁移。
6. 请简述三种数据迁移工具的差异。
7. 请简述 SequoiaDB 数据库集群部署的步骤。
8. 请简述全量备份与增量备份的概念及差异。
9. 请简述全量备份与增量备份的过程。
10. 请简述全量恢复的过程。

第 7 章　数据库监控与管理

数据库监控是一种监视当前系统运行状态的方式，通过这种方式可以轻松地对数据库进行整合，对数据库的性能进行标准化管理[1]。在 SequoiaDB 中，用户可以使用快照（snapshot）命令监控数据库系统，确保数据库组件在其资源容量范围内运行。当它们被过度扩展时，快照能够显示反映问题所在位置的警报和错误信息。用户可以通过熟练地掌握数据库监控与管理方式，使数据库资源得到更加合理、高效的支配。

本章学习目标：
- 掌握图形化监控方法。
- 熟悉快照命令的监控方法以及五种快照类型。
- 掌握故障诊断方法。

7.1　图形化监控方法

7.1.1　总览

SAC 监控可以查看存储集群和主机的运行状态。在完成添加主机和创建存储集群操作后，可以在 SAC 中监控该存储集群。点击左侧导航栏中的监控→存储集群的名字，便可进入监控总览页面，如图 7.1 所示。

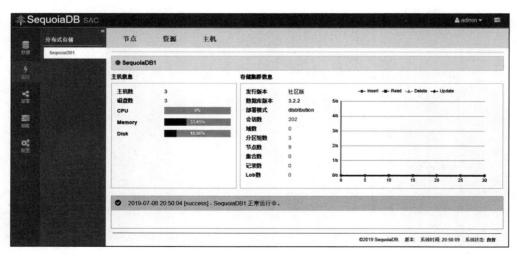

图 7.1　监控总览

页面左侧有主机数、磁盘数以及 CPU、Memory（内存）、Disk（磁盘）的使用情况，页面右侧有版本、部署模式、会话数、域数、分区组数、节点数、集合数、记录数和 Lob 数的统计信息，图表中则有当前 Insert、Update、Delete、Read 的实时速率。如果当前存储集群有异常，页面下方将显示警告和错误信息。点击页面上方的节点、资源或者主机可进入并查看详细的监控页面。

7.1.2　节点

1. 节点列表

在节点列表页面可以了解当前服务所有节点的基本信息和进行启停节点操作，如图 7.2 所示。

图 7.2　节点列表

- 该页面的表格列出了当前服务所有节点的状态、节点名、主机名、分区组、主节点、角色、集合数、记录数和 Lob 数。
- 需要排序时，可以点击表格表头来根据字段进行排序。
- 需要根据某个字段搜索时，可以在所在字段上方的输入框输入关键字进行搜索。
- 需要启停节点时，可以使用表格上方的启动节点、停止节点进行操作。

点击启动节点，选择要启动的节点，点击确定按钮，即可启动节点，如图 7.3 所示。

图 7.3　启动节点

点击停止节点，选择要停止的节点，点击确定按钮，即可停止节点，如图 7.4 所示。

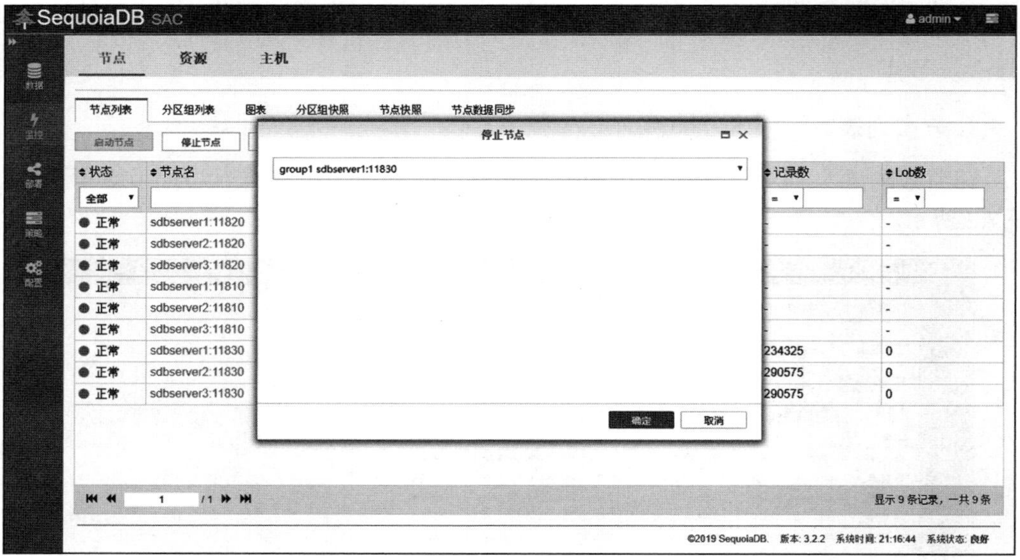

图 7.4　停止节点

2. 分区组列表

在分区组列表页面可以了解当前服务所有分区组的基本信息并进行启停分区组操作，如图 7.5 所示。当需要启停分区组时，可以点击表格上方的**启动分区组、停止分区组**。

图 7.5　分区组列表

点击**启动分区组**，选择要启动的分区组，点击确定按钮，即可启动分区组，如图 7.6 所示。

图 7.6　启动分区组

点击停止分区组，选择要停止的分区组，点击确定按钮，即可停止分区组，如图 7.7 所示。如果停止编目组，该 SequoiaDB 存储集群将无法使用，需要手工启动编目组。

图 7.7　停止分区组

3. 分区组快照

在分区组快照页面可以查看当前服务的所有分区组的快照信息。可以自行选择需要查看的信息，这些信息均显示在表格中，且支持筛选搜索和实时刷新。当需要排序时，可以点击表格表头来根据字段进行排序；需要根据某个字段搜索时，可以在所在字段上方的输入框中输入关键字进行搜索；需要实时刷新快照数据时，可以点击表格上方的启动刷新，如果表格中的数据相比前一次有上升，那么该数据字体颜色为红色，否则为绿色，分区组快照和实时刷新如图 7.8 和图 7.9 所示。

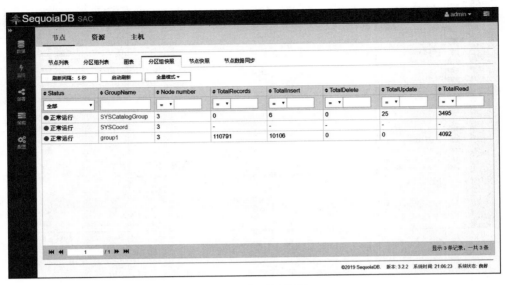

图 7.8　分区组快照

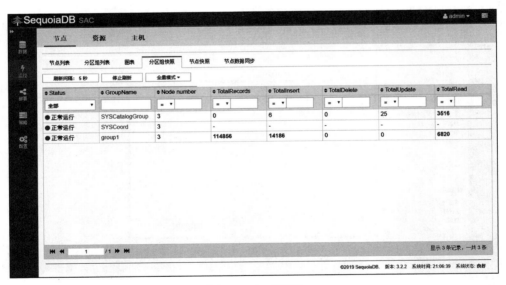

图 7.9　实时刷新

4. 节点快照

节点快照页面可以显示当前服务的编目节点和数据节点的快照信息，在其中可以自行选择需要查看的信息，结果将显示在表格中，且该页面支持筛选搜索功能和实时刷新功能。当需要选择显示哪些字段时，可以点击表格上方的选择显示列按钮。需要排序时，可以点击表格表头来根据字段进行排序。需要基于某个字段搜索时，可以在所在字段上方的输入框输入关键字进行搜索。需要实时刷新快照数据时，可以点击表格上方的启动刷新，如果表格中的数据相比前一次有所上升，那么该数据字体颜色为红色，否则为绿色，节点快照和实时刷新如图 7.10 和图 7.11 所示。

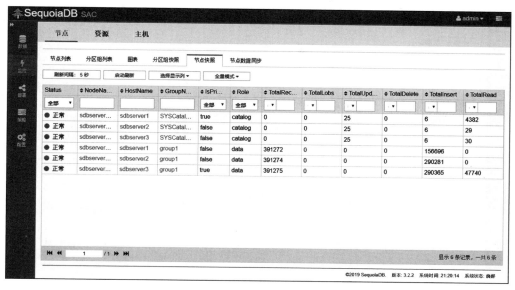

图 7.10　节点快照

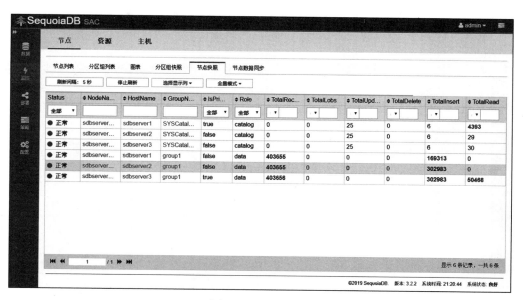

图 7.11　实时刷新

5. 分区组信息

分区组信息有两个子页面。

- 分区组信息页面，可以查看所选分区组的详细信息、运行状态和属于该分区组的节点的信息。
- 图表页面，可以查看所选分区组近 30s 的增删改查的实时速率。

分区组信息详情如图 7.12 所示。

图 7.12　分区组信息

需要启停节点时，可以使用启动节点、停止节点按钮进行操作。

点击启动节点按钮，选择要启动的节点，点击确定按钮，即可启动节点，如图 7.13 所示。

图 7.13　启动节点

点击停止节点按钮，选择要停止的节点，点击确定按钮，即可停止节点。

有三种情况节点无法正常工作：当前服务没有可启动节点时，将无法使用启动节点操作；当前服务没有可停止节点时，将无法使用停止节点操作；当分区组信息缺失或无法通过分区组列表获取时，节点也将无法执行正常操作。停止节点如图 7.14 所示。

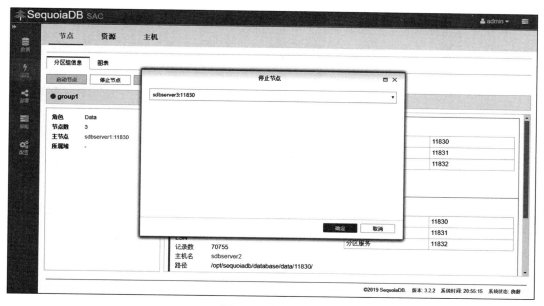

图 7.14　停止节点

分区组图表详情如图 7.15 所示。

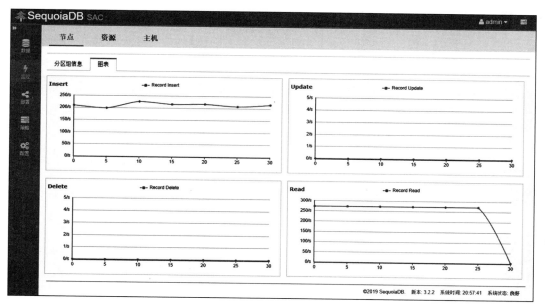

图 7.15　分区组图表

6. 节点信息

节点信息有 4 个子页面。

- 节点信息页面，可以查看所选节点的运行状态、详细信息及节点增删改查操作的实时速率。
- 会话页面，查看所选节点的会话快照。
- 上下文页面，查看所选节点的上下文快照。
- 图表页面，查看反映所选节点的会话数量、上下文数量、事务数量的实时图表。

节点信息如图 7.16 所示。

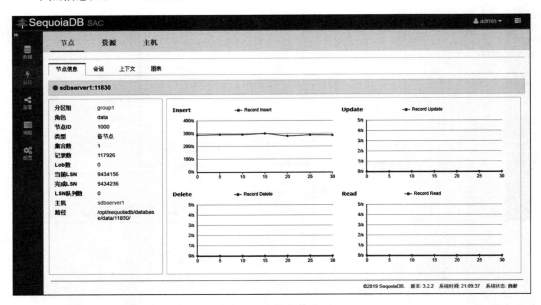

图 7.16　节点信息

节点会话如图 7.17 所示。

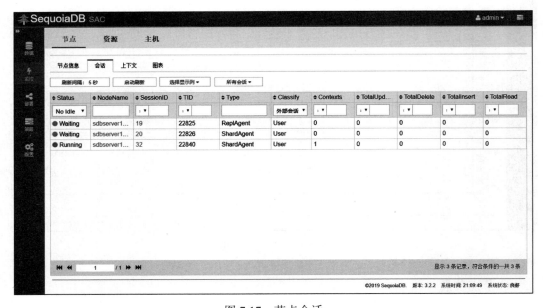

图 7.17　节点会话

需要查看所选会话的详细信息时，可以点击 SessionID，如图 7.18 所示。

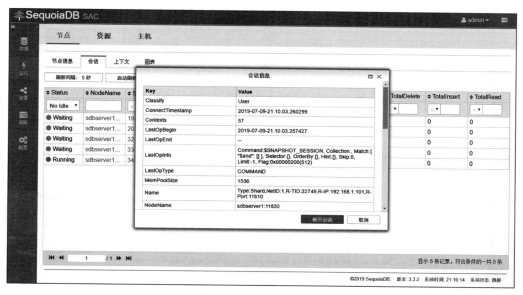

图 7.18　会话信息页面

小贴士

（1）点击选择显示列可以选择显示哪些字段。

（2）表格中 Classify 列是为了更好的分类，并不是会话快照的字段。

（3）会话快照默认显示处于非 Idle 状态和外部的会话（Type 为 Agent、ShardAgent、ReplAgent、HTTPAgent的会话），可以自定义过滤。

（4）会话快照对应的字段说明可以在会话快照页面查看。

节点上下文如图 7.19 所示。

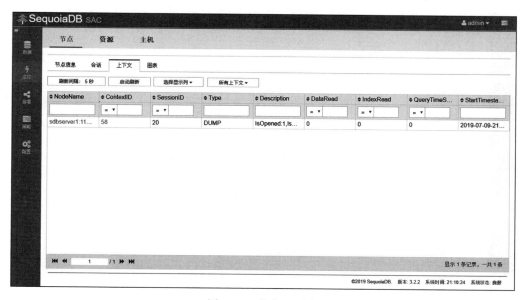

图 7.19　节点上下文

若想查看所选上下文的详细信息，可以点击 ContextID，如图 7.20 所示。

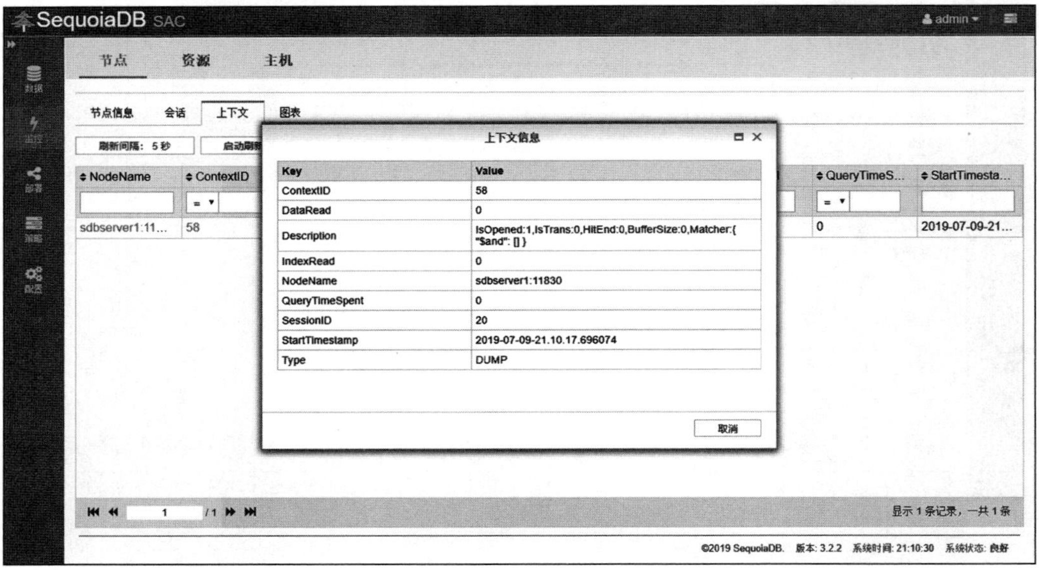

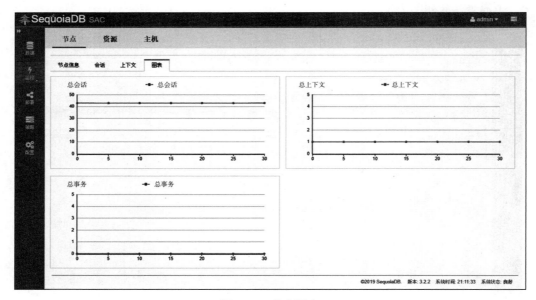

图 7.20　上下文信息

小贴士

（1）点击选择显示列可以选择显示哪些字段。

（2）上下文快照对应的字段说明可以在上下文快照页面查看。

节点图表页面显示反映所选节点的会话、上下文和事务的实时数量图表，如图 7.21 所示。

图 7.21　节点图表

7. 图表

服务图表为当前服务的增删改查速率图表，通过该图表可以直观地看出整个服务的增删改查性能情况。需要注意的是页面中只能显示当前服务近 30s 增删改查的实时速率，如图 7.22 所示。

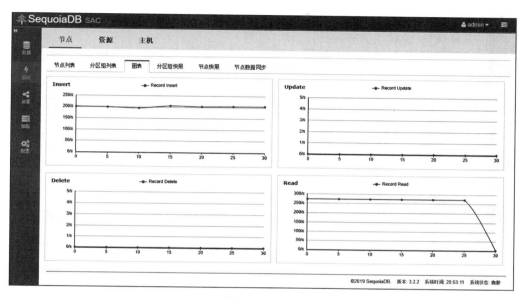

图 7.22　图表

8. 节点数据同步

节点数据同步页面可以检查该服务节点间的数据是否完全一致，如图 7.23 所示。

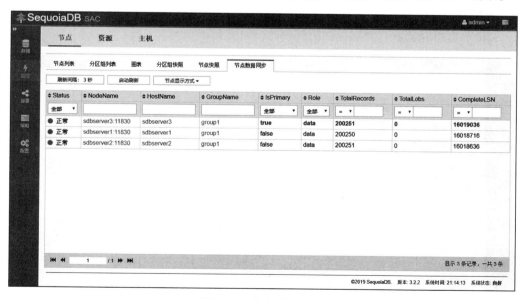

图 7.23　节点数据同步

通过点击节点显示方式可以选择全部节点或者数据不同节点的查看方式，选择数据不同节点方式后在表格中只显示数据不一致的节点。通过 CompleteLSN 字段检查数据的一致性。节点显示方式如图 7.24 所示。

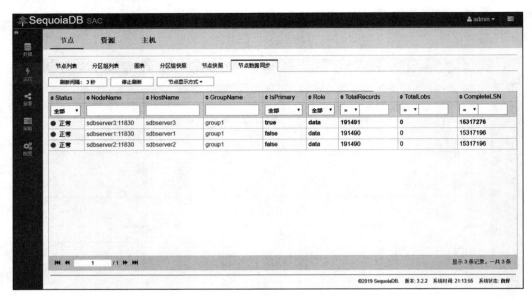

图 7.24 节点显示方式

需要注意的是选择数据不同节点方式时，如果节点完全一致，表格中将不显示信息。通过点击刷新间隔和启动刷新按钮，可以选择获取信息的时间间隔和是否重复获取。

7.1.3 资源

1. 会话

会话页面可以查看存储集群的所有会话，如图 7.25 所示。

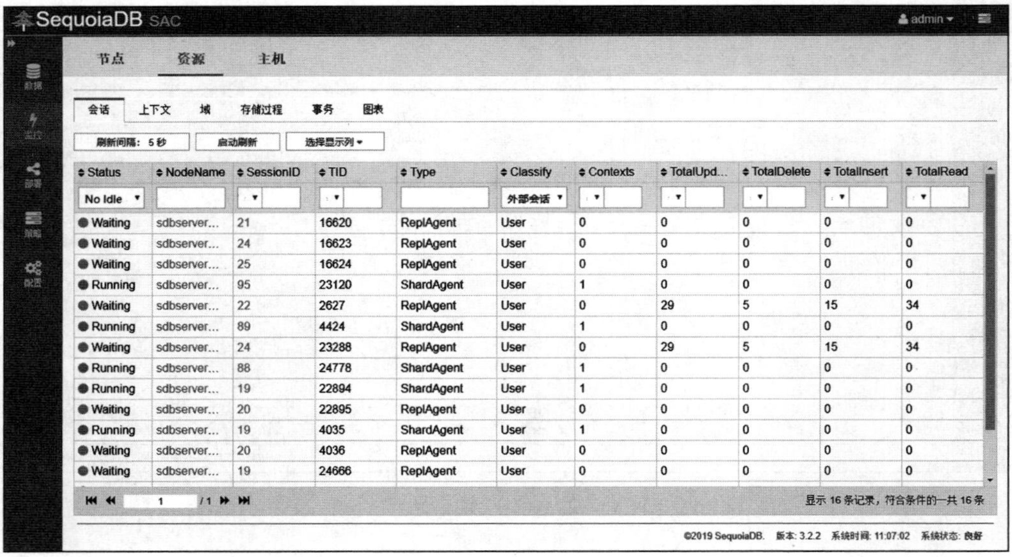

图 7.25 会话

- 页面中表格列出了存储集群的所有会话快照信息。
- 点击 SessionID 可以查看所选会话的详细信息。
- 需要选择显示哪些字段时，可以点击表格上方的选择显示列按钮来选择。
- 需要排序时，可以点击表格表头来根据字段进行排序。
- 需要基于某个字段搜索时，可以在所在字段上方的输入框输入关键字进行搜索。

小贴士

（1）表格中 Classify 列是为了更好地分类而添加显示的字段，并不是会话快照自带的字段信息。

（2）会话快照默认显示处于非 Idle 状态和外部的会话（Type 是 Agent、ShardAgent、ReplAgent、HTTPAgent 的会话），可通过字段下方的筛选框选择显示所有会话。

（3）可以通过会话快照页面查看会话快照对应的字段说明。

2. 上下文

上下文页面可以查看当前服务所有上下文的快照，可以将用户自行选择需要查看的信息显示在表格中，且支持筛选搜索功能和实时刷新功能，如图 7.26 所示。

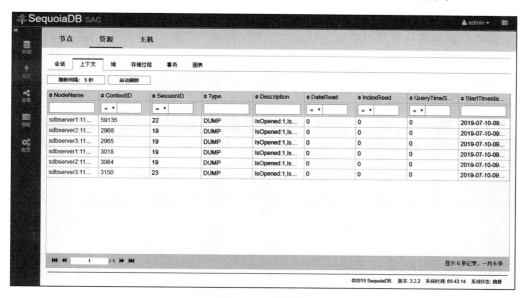

图 7.26　上下文

- 页面显示含当前服务所有上下文快照的表格。
- 点击 ContextID 可以查看所选上下文的详细信息。
- 需要选择显示哪些字段时，可以点击表格上方的选择显示列按钮来选择。
- 需要排序时，可以点击表格表头来根据字段进行排序。
- 需要基于某个字段搜索时，可以在所在字段上方的输入框输入关键字进行搜索。

3. 域

域页面可以查看当前服务下所有由用户创建的域的详细信息，并且可以创建域、删除域、编辑域，如图 7.27 所示。

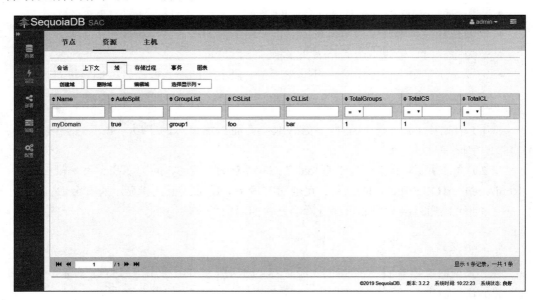

图 7.27　域

由用户创建的域的基本信息包括域的分区组列表、集合空间列表、集合列表和是否自动切分等信息。

当用户需要了解某一个域的详细信息时，可点击 Name 字段的域名打开该域的详细信息窗口，如图 7.28 所示。

图 7.28　域信息

点击创建域，填写域名，根据需求调整参数，点击确定按钮，即可创建域，如图 7.29 所示。

图 7.29　创建域

点击删除域，选择要删除域的域名，点击确定按钮，即可删除域。但删除域前必须保证域中不存在任何数据，否则会导致删除失败。删除域如图 7.30 所示。

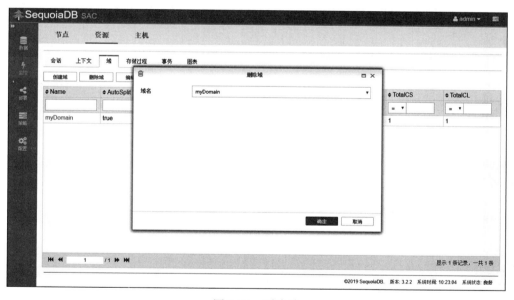

图 7.30　删除域

点击编辑域，选择需要编辑域的域名，根据需求调整参数，点击确定按钮，即可编辑域。无论是否对自动切分进行更改，均不会对之前创建的集合和集合空间产生影响。编辑域如图 7.31 所示。

4. 存储过程

存储过程页面可以查看当前服务的所有存储过程的信息，并且创建和删除存储过程，如图 7.32 所示。

图 7.31 编辑域

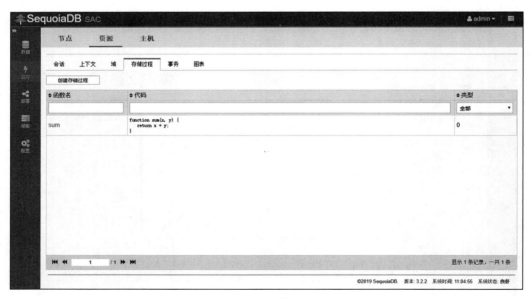

图 7.32 存储过程

- 该页面显示服务的所有存储过程的信息。
- 存储过程函数在该页面将得到格式化显示。

点击表格上方的创建存储过程按钮打开窗口。在窗口输入框中输入要创建的完整函数，点击确定即可完成创建，如图 7.33 所示。

在创建存储过程时需要注意以下几点：首先，函数必须包含函数名，不能使用匿名函数，否则将会导致创建失败；其次，函数中所有标准输出、标准错误会被屏蔽，不建议在函数定义或执行时加入输出语句，大量的输出可能会导致存储过程运行失败；最后，函数返回值可以是除 db 以外的任意类型数据，如 function getCL() { return db.foo.bar; }。

图 7.33　创建存储过程

在表格中点击要删除的存储过程函数名，打开存储过程详细窗口。点击窗口右下方的删除按钮即可完成删除，如图 7.34 所示。

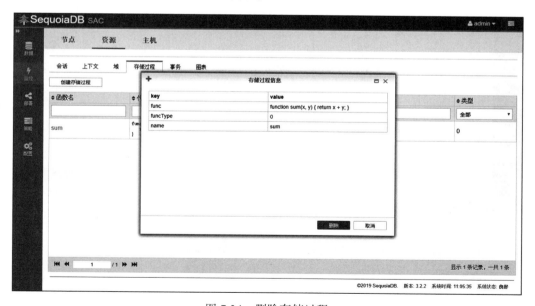

图 7.34　删除存储过程

5. 事务

可以在事务页面中查询存储集群的事务信息，如图 7.35 所示。

点击表格中的事务 ID 可以查看指定事务的详细信息，如图 7.36 所示。

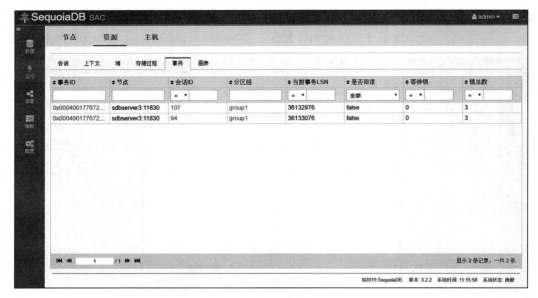

图 7.35　事务

图 7.36　事务的详细信息

点击表格中的会话 ID 可以查看指定事务的会话信息，如图 7.37 所示。

小贴士

（1）事务快照对应的字段说明可以通过事务快照查看。

（2）会话快照对应的字段说明可以通过会话快照查看。

6. 图表

资源的图表页面显示近 30s 会话、上下文、事务和存储过程的实时数量，如图 7.38 所示。

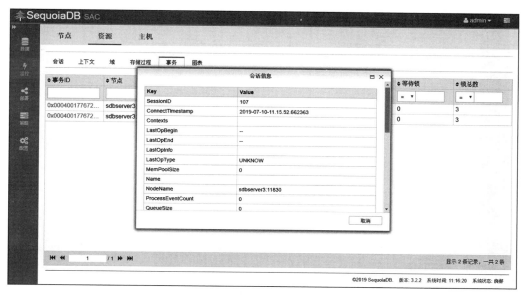

图 7.37　事务的会话信息

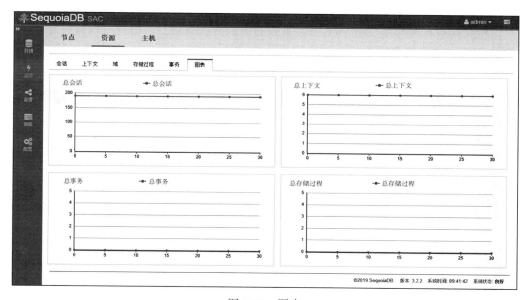

图 7.38　图表

7.1.4　主机

1. 主机列表

主机列表页面可以查看安装了当前服务的所有主机的配置信息，包括主机名、IP、代理端口、CPU、内存大小、磁盘容量、操作系统和网卡数，如图 7.39 所示。

- 需要了解指定主机的详细信息时，可以点击表格中的主机名。
- 需要排序时，可以点击表格表头来根据字段进行排序。
- 需要基于某个字段搜索时，可以在所在字段上方的输入框输入关键字进行搜索。

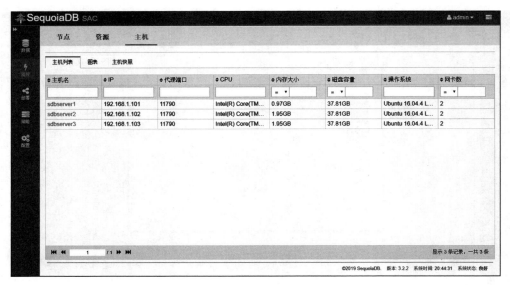

图 7.39　主机列表

2. 主机快照

主机快照页面可以查看安装了当前服务的主机的状态信息，用户可以自行选择需要查看的信息，这些信息均会显示在表格中，且页面支持筛选搜索功能和实时刷新功能，如图 7.40 所示。

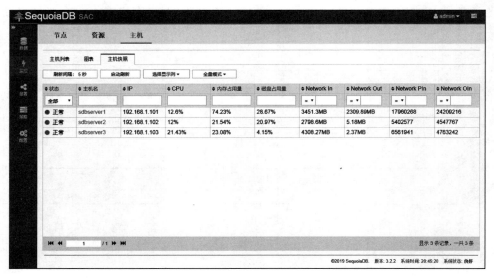

图 7.40　主机快照

- 该页面显示安装了当前服务的主机的状态、主机名、IP、CPU、内存占用量、磁盘占用量等。
- 需要了解指定主机的详细信息时，可以点击表格中的主机名。
- 需要选择显示哪些字段时，可以点击表格上方的选择显示列按钮来选择。
- 需要排序时，可以点击表格表头来根据字段进行排序。

- 需要基于某个字段搜索时，可以在所在字段上方的输入框输入关键字进行搜索。
- 需要实时刷新快照数据时，可以点击表格上方的**启动刷新**按钮进行设置。开启实时刷新后，如果表格中的数据相比前一次获取时有所上升，那么该数据字体颜色将为红色，否则为绿色。实时刷新如图 7.41 所示。

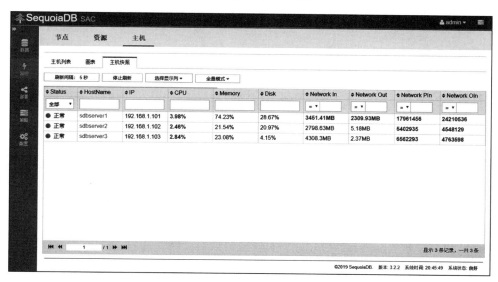

图 7.41　实时刷新

3. 图表

图表页面可以查看当前服务所有主机的 CPU 利用率、内存利用率、网络流量和磁盘利用率的实时信息，如图 7.42 所示。

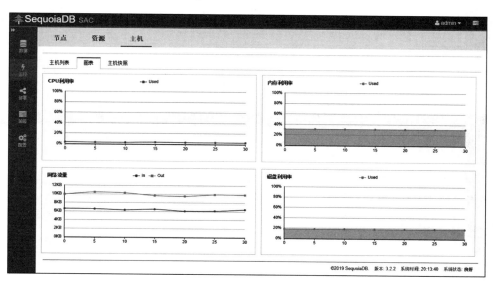

图 7.42　图表

主机信息有 6 个子页面。

- 主机信息页面，可以查看当前所选主机的（配置）信息、CPU 利用率、内存利用率、网络流量、磁盘利用率和挂载在该主机上的服务信息。

- CPU 页面，可以查看当前所选主机的 CPU 信息，包括主频、内核数、逻辑处理器、三级缓存和实时 CPU 利用率。
- 内存页面，可以查看当前所选主机的内存利用率。
- 磁盘页面，可以查看当前所选主机的所有磁盘信息，包括磁盘利用率、磁盘读取写入、容量等。
- 网卡页面，可以查看当前所选主机的所有网卡信息，包括收发流量、收发数据包和实时收发流量速率。
- 图表页面，可以查看当前所选主机的磁盘利用率、CPU 利用率、网络流量和内存利用率的实时信息。

主机信息如图 7.43 所示。

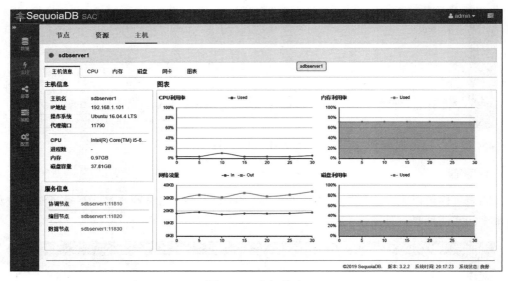

图 7.43　主机信息

CPU 信息如图 7.44 所示。

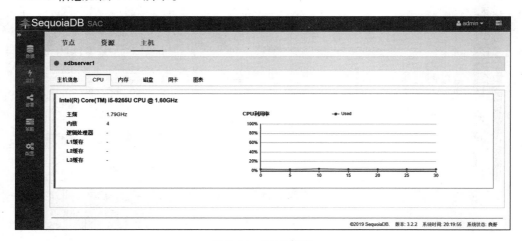

图 7.44　CPU 信息

内存信息如图 7.45 所示。

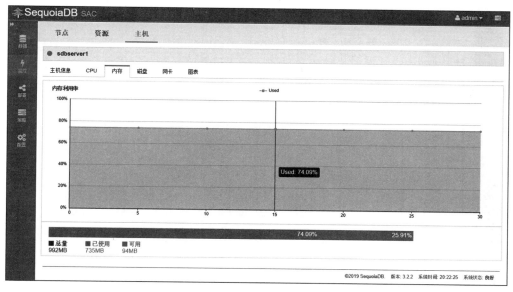

图 7.45　内存信息

磁盘信息如图 7.46 所示。

网卡信息，如图 7.47 所示。

图表信息，如图 7.48 所示。

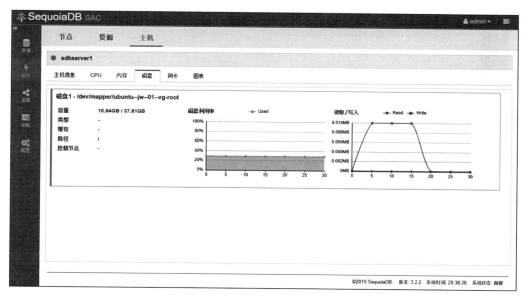

图 7.46　磁盘信息

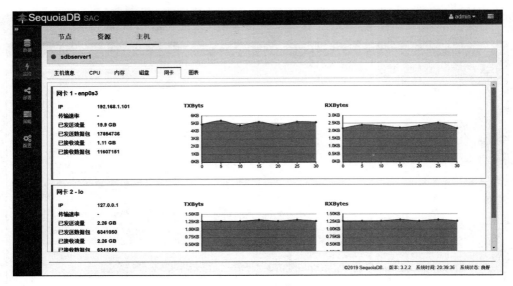

图 7.47   网卡信息

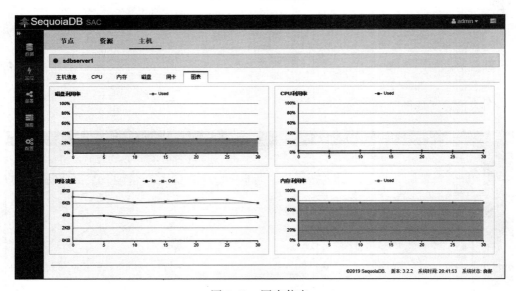

图 7.48   图表信息

7.2   快照监控指标

快照是一种旨在得到系统当前状态的命令，这节主要讲解会话快照、数据库快照、上下文快照、事务快照以及操作系统快照 5 种类型。

7.2.1   会话快照

1. 描述

会话快照 SDB_SNAP_SESSIONS 可以列出当前数据库节点中所有用户与系统的会

话，每一个会话为一条记录。

2. 字段信息

会话快照字段信息如表 7.1 所示。

表 7.1　会话快照字段信息

字段名	类型	描述
NodeName	字符串	节点名为 "<HostName>:<ServiceName>"
SessionID	长整型	会话 ID
TID	整型	会话所对应的系统线程 ID
Status	字符串	会话状态。Creating 表示创建状态，Running 表示运行状态，Waiting 表示等待状态，Idle 表示线程池待机状态，Destroying 表示销毁状态
Type	字符串	EDU 类型
Name	字符串	EDU 名，一般系统 EDU 名为空
QueueSize	整型	等待处理请求的队列长度
ProcessEventCount	长整型	已经处理请求的数量
RelatedID	字符串	会话的内部标识
Contexts	长整型数组	上下文 ID 数组，为该会话所包含所有上下文的列表
TotalDataRead	长整型	数据记录读
TotalIndexRead	长整型	索引读
TotalDataWrite	长整型	数据记录写
TotalIndexWrite	长整型	索引写
TotalUpdate	长整型	总更新记录数量
TotalDelete	长整型	总删除记录数量
TotalInsert	长整型	总插入记录数量
TotalSelect	长整型	总选取记录数量
TotalRead	长整型	总读取记录数量
TotalReadTime	长整型	总数据读时间（单位：ms）
TotalWriteTime	长整型	总数据写时间（单位：ms）
ReadTimeSpent	长整型	读取记录的时间（单位：ms）
WriteTimeSpent	长整型	写入记录的时间（单位：ms）
ConnectTimestamp	时间戳	连接发起的时间
ResetTimestamp	时间戳	重置快照的时间
LastOpType	字符串	最后一次操作的类型，如 insert、update
LastOpBegin	字符串	最后一次操作的起始时间
LastOpEnd	字符串	最后一次操作的结束时间
LastOpInfo	字符串	最后一次操作的详细信息
UserCPU	浮点数	用户 CPU 时间（单位：s）
SysCPU	浮点数	系统 CPU 时间（单位：s）

3. 示例

```
db.snapshot( SDB_SNAP_DATABASE )
{
  "NodeName": "hostname1:11810",
  "HostName": "hostname1",
```

"ServiceName": "11810",
"GroupName": "group1",
"IsPrimary:: false,
"ServiceStatus": true,
"Status": "Normal",
"BeginLSN": {
 "Offset": 0,
 "Version": 1
},
"CurrentLSN": {
 "Offset": -1,
 "Version": 0
},
"CommittedLSN": {
 "Offset": -1,
 "Version": 0
},
"CompleteLSN": -1,
"LSNQueSize": 0,
"TransInfo": {
 "TotalCount": 0,
 "BeginLSN": -1
},
"NodeID": [
 1000,
 1000
],
"Version": {
 "Major": 1,
 "Minor": 8,
 "Fix": 0,
 "Release": 13971,
 "GitVersion": "7b21adc4206894102682a621a4b49f17ed96a46f",
 "Build": "2014-08-07-11.04.12(Debug)"
},
"CurrentActiveSessions": 18,
"CurrentIdleSessions": 0,
"CurrentSystemSessions": 5,
"CurrentContexts": 1,

```
  "ReceivedEvents": 0,
  "Role": "data",
  "Disk": {
    "DatabasePath": "/home/users/sdbadmin/sequoiadb",
    "LoadPercent": 46,
    "TotalSpace": 84543193088,
    "FreeSpace": 45332840448
  },
  "TotalNumConnects": 11,
  "TotalDataRead": 0,
  "TotalIndexRead": 0,
  "TotalDataWrite": 0,
  "TotalIndexWrite": 0,
  "TotalUpdate": 0,
  "TotalDelete": 0,
  "TotalInsert": 0,
  "ReplUpdate": 0,
  "ReplDelete": 0,
  "ReplInsert": 0,
  "TotalSelect": 0,
  "TotalRead": 0,
  "TotalReadTime": 0,
  "TotalWriteTime": 0,
  "ActivateTimestamp": "2014-08-07-13.04.16.248083",
  "ResetTimestamp": "2014-08-07-13.04.16.248083",
  "UserCPU": "7.980000",
  "SysCPU": "10.700000",
  "freeLogSpace": 1342177280,
  "vsize": 1745002496,
  "rss": 12929,
  "fault": 12,
  "TotalMapped": 918945792,
  "svcNetIn": 3051,
  "svcNetOut": 9245,
  "shardNetIn": 3054,
  "shardNetOut": 9265,
  "replNetIn": 0,
  "replNetOut": 0
}
```

7.2.2 数据库快照

1. 描述

数据库快照 SDB_SNAP_DATABASE 可以列出当前数据库节点中主要的状态与性能监控参数,输出一条记录。

2. 字段信息

(1)数据库快照非协调节点字段信息如表 7.2 所示。

表 7.2 数据库快照非协调节点字段信息

字段名	类型	描述
NodeName	字符串	节点名,为"<HostName>:<ServiceName>"
HostName	字符串	数据库节点所在物理节点的主机名
ServiceName	字符串	svcname 所指定的服务名,与 HostName 共同作为一个逻辑节点的标识
GroupName	字符串	逻辑节点所属的分区组名,standalone 模式下该字段为空字符串
IsPrimary	布尔型	指示节点是否为主节点,standalone 模式下该字段为 false
ServiceStatus	布尔型	指示是否为可提供服务状态;一些特殊状态,例如全量同步会使该状态为 false
Status	字符串	节点状态,有"Normal""Rebuilding""FullSync""OfflineBackup"几种状态
BeginLSN.Offset	长整型	起始 LSN 的偏移
BeginLSN.Version	整型	起始 LSN 的版本号
CurrentLSN.Offset	长整型	当前 LSN 的偏移
CurrentLSN.Version	整型	当前 LSN 的版本号
CommittedLSN.Offset	长整型	已提交 LSN 的偏移
CommittedLSN.Version	整型	已提交 LSN 的版本号
CompleteLSN	长整型	已完成 LSN 的偏移
LSNQueSize	整型	等待同步的 LSN 队列长度
TransInfo.TotalCount	整型	正在执行的事务数量
TransInfo.BeginLSN	长整型	正在执行的事务的起始 LSN 的偏移
NodeID	数组	节点 ID,为"[<分区组 ID>,<节点 ID>]";在 standalone 模式下,该字段为"[0,0]"
Version.Major	整型	数据库主版本号
Version.Minor	整型	数据库子版本号
Version.Fix	整型	数据库修复版本号
Version.Release	整型	数据库内部版本号
Version.GitVersion	字符串	数据库发行版本号
Version.Build	字符串	数据库编译时间
Edition	字符串	"Enterprise"表示企业版
CurrentActiveSessions	整型	当前活动会话
CurrentIdleSessions	整型	当前非活动会话,一般来说非活动会话意味着 EDU 存在于线程池中等待分配
CurrentSystemSessions	整型	当前系统会话,为当前活动用户 EDU 数量
CurrentTaskSessions	整型	后台任务会话数量
CurrentContexts	整型	当前上下文数量
ReceivedEvents	整型	当前分区接收到的事件请求总数

（续）

字段名	类型	描述
Role	字符串	当前节点角色
Disk.DatabasePath	字符串	数据库所在路径
Disk.LoadPercent	整型	数据库路径磁盘占用率
Disk.TotalSpace	长整型	数据库路径总空间（单位：字节）
Disk.FreeSpace	长整型	数据库路径空闲空间（单位：字节）
TotalNumConnects	整型	数据库连接请求数量
TotalDataRead	长整型	总数据读请求
TotalIndexRead	长整型	总索引读请求
TotalDataWrite	长整型	总数据写请求
TotalIndexWrite	长整型	总索引写请求
TotalUpdate	长整型	总更新记录数量
TotalDelete	长整型	总删除记录数量
TotalInsert	长整型	总插入记录数量
ReplUpdate	长整型	复制更新记录数量
ReplDelete	长整型	复制删除记录数量
ReplInsert	长整型	复制插入记录数量
TotalSelect	长整型	总选择记录数量
TotalRead	长整型	总读取记录数量
TotalReadTime	长整型	总读取时间（单位：ms）
TotalWriteTime	长整型	总写入时间（单位：ms）
ActivateTimestamp	时间戳	数据库节点启动时间
ResetTimestamp	时间戳	重置快照的时间
UserCPU	浮点数	用户 CPU 时间（单位：s）
SysCPU	浮点数	系统 CPU 时间（单位：s）
freeLogSpace	长整型	空闲日志空间（单位：字节）
Vsize	长整型	虚拟内存使用量（单位：字节）
Rss	长整型	物理内存使用量（单位：字节）
Fault	长整型	每秒访问失败数（仅支持 Linux），数据被交换出物理内存，放到 swap 分区
TotalMapped	长整型	map 的总数据量（单位：字节）
svcNetIn	长整型	本地服务端口收到的网络流量（单位：字节）
svcNetOut	长整型	本地服务端口发送的网络流量（单位：字节）
shardNetIn	长整型	shard 平面端口收到的网络流量（单位：字节）
shardNetOut	长整型	shard 平面端口发送的网络流量（单位：字节）
replNetIn	长整型	数据同步平面端口收到的网络流量（单位：字节）
replNetOut	长整型	数据同步平面端口发送的网络流量（单位：字节）
SchdlrType	整型	资源调度类型。0 表示没有开启资源调度，1 表示开启了 FIFO 资源调度，2 表示开启了优先级资源调度，3 表示开启了基于容器的优先级资源调度
SchdlrTypeDesp	字符串	资源调度类型描述，取值为 NONE、FIFO、PRIORITY、CONTAINER
Run	整型	当前正在运行的任务数量
Wait	整型	当前处于等待队列的任务数量（包含未分发的任务）
SchdlrMgrEvtNum	整型	当前未分发的任务数量
SchdlrTimes	长整型	统计时间范围内总的任务执行次数

（2）数据库快照协调节点字段信息如表 7.3 所示。

表 7.3　数据库快照协调节点字段信息

字段名	类型	描述
TotalNumConnects	整型	数据库连接请求数量
TotalDataRead	长整型	总数据读请求
TotalIndexRead	长整型	总索引读请求
TotalDataWrite	长整型	总数据写请求
TotalIndexWrite	长整型	总索引写请求
TotalUpdate	长整型	总更新记录数量
TotalDelete	长整型	总删除记录数量
TotalInsert	长整型	总插入记录数量
ReplUpdate	长整型	复制更新记录数量
ReplDelete	长整型	复制删除记录数量
ReplInsert	长整型	复制插入记录数量
TotalSelect	长整型	总选择记录数量
TotalRead	长整型	总读取记录数量
TotalReadTime	长整型	总读取时间（单位：ms）
TotalWriteTime	长整型	总写入时间（单位：ms）
freeLogSpace	长整型	空闲日志空间（单位：字节）
Vsize	长整型	虚拟内存使用量（单位：字节）
Rss	长整型	物理内存使用量（单位：字节）
Fault	长整型	每秒访问失败数（仅支持 Linux），数据被交换出物理内存，放到 swap 分区
TotalMapped	长整型	map 的总数据量（单位：字节）
svcNetIn	长整型	本地服务端口收到的网络流量（单位：字节）
svcNetOut	长整型	本地服务端口发送的网络流量（单位：字节）
shardNetIn	长整型	shard 平面端口收到的网络流量（单位：字节）
shardNetOut	长整型	shard 平面端口发送的网络流量（单位：字节）
replNetIn	长整型	数据同步平面端口收到的网络流量（单位：字节）
replNetOut	长整型	数据同步平面端口发送的网络流量（单位：字节）
ErrNodes.NodeName	字符串	返回异常节点名（主机名＋端口）
ErrNodes.GroupName	字符串	返回异常节点所属分区组名
ErrNodes.Flag	整型	错误码
ErrNodes.ErrInfo	字符串	返回节点出错信息

注意，存在异常节点时才显示 ErrNodes 字段。

3. 示例

（1）非协调节点示例：

```
db.snapshot( SDB_SNAP_DATABASE ){
  "NodeName": "hostname1:11810",
  "HostName": "hostname1",
  "ServiceName": "11810",
  "GroupName": "group1",
  "IsPrimary": false,
```

```
"ServiceStatus": true,
"Status": "Normal",
"BeginLSN": {
 "Offset": 0,
 "Version": 1},
"CurrentLSN": {
 "Offset": -1,
 "Version": 0},
"CommittedLSN": {
 "Offset": -1,
 "Version": 0},
"CompleteLSN": -1,
"LSNQueSize": 0,
"TransInfo": {
 "TotalCount": 0,
 "BeginLSN": -1},
"NodeID": [1000,1000],
"Version": {
 "Major": 1,
 "Minor": 8,
 "Fix": 0,
 "Release": 13971,
 "GitVersion": "7b21adc4206894102682a621a4b49f17ed96a46f",
 "Build": "2014-08-07-11.04.12(Debug)"
},
"CurrentActiveSessions": 18,
"CurrentIdleSessions": 0,
"CurrentSystemSessions": 5,
"CurrentContexts": 1,
"ReceivedEvents": 0,
"Role": "data",
"Disk": {
 "DatabasePath": "/home/users/sdbadmin/sequoiadb",
 "LoadPercent": 46,
 "TotalSpace": 84543193088,
 "FreeSpace": 45332840448
},
"TotalNumConnects": 11,
"TotalDataRead": 0,
```

```
    "TotalIndexRead": 0,
    "TotalDataWrite": 0,
    "TotalIndexWrite": 0,
    "TotalUpdate": 0,
    "TotalDelete": 0,
    "TotalInsert": 0,
    "ReplUpdate": 0,
    "ReplDelete": 0,
    "ReplInsert": 0,
    "TotalSelect": 0,
    "TotalRead": 0,
    "TotalReadTime": 0,
    "TotalWriteTime": 0,
    "ActivateTimestamp": "2014-08-07-13.04.16.248083",
    "ResetTimestamp": "2014-08-07-13.04.16.248083",
    "UserCPU": "7.980000",
    "SysCPU": "10.700000",
    "freeLogSpace": 1342177280,
    "vsize": 1745002496,
    "rss": 12929,
    "fault": 12,
    "TotalMapped": 918945792,
    "svcNetIn": 3051,
    "svcNetOut": 9245,
    "shardNetIn": 3054,
    "shardNetOut": 9265,
    "replNetIn": 0,
    "replNetOut": 0
}
```

（2）协调节点示例：

```
coord.snapshot( SDB_SNAP_DATABASE )
{
    "TotalNumConnects": 0,
    "TotalDataRead": 4,
    "TotalIndexRead": 0,
    "TotalDataWrite": 3,
    "TotalIndexWrite": 3,
    "TotalUpdate": 0,
    "TotalDelete": 0,
```

```
"TotalInsert": 3,
"ReplUpdate": 0,
"ReplDelete": 0,
"ReplInsert": 2,
"TotalSelect": 606,
"TotalRead": 4,
"TotalReadTime": 0,
"TotalWriteTime": 0,
"freeLogSpace": 5368709120,
"vsize": 5660057600,
"rss": 44765,
"fault": 25,
"TotalMapped": 2144206848,
"svcNetIn": 0,
"svcNetOut": 0,
"shardNetIn": 38228,
"shardNetOut": 393997,
"replNetIn": 40743956,
"replNetOut": 40743956,
"ErrNodes": [
  {
    "NodeName": "hostname1:11850",
    "GroupName": "group2",
    "Flag": -79,
    "ErrInfo": {}
  }
]
}
```

7.2.3　上下文快照

1. 描述

上下文快照 SDB_SNAP_CONTEXTS 可以列出当前数据库节点中所有的会话所对应的上下文。每一个会话为一条记录，一个会话中包括一个或一个以上的上下文时，其 Contexts 数组字段对每个上下文产生一个对象。需要注意的是快照操作自身须产生一个上下文，因此结果集中至少会返回一个当前快照的上下文信息。

2. 字段信息

上下文快照字段信息如表 7.4 所示。

表 7.4　上下文快照字段信息

字段名	类型	描述
NodeName	字符串	节点名，为"<HostName>:<ServiceName>"
SessionID	长整型	会话 ID
Contexts.ContextID	长整型	上下文 ID
Contexts.Type	字符串	上下文类型，如 DUMP
Contexts.Description	字符串	上下文的描述信息，如包含当前的查询条件
Contexts.DataRead	长整型	所读数据
Contexts.IndexRead	长整型	所读索引
Contexts.QueryTimeSpent	浮点数	查询总时间（单位：s）
Contexts.StartTimestamp	时间戳	创建时间

3. 示例

```
db.snapshot( SDB_SNAP_CONTEXTS )
{
  "NodeName": "hostname1:11820",
  "SessionID": 28,
  "Contexts": [
    {
      "ContextID": 12,
      "Type": "DUMP",
      "Description": "BufferSize:0",
      "DataRead": 0,
      "IndexRead": 0,
      "QueryTimeSpent": 0,
      "StartTimestamp": "2013-09-27-18.06.37.079570"
    }
  ]
}
```

7.2.4　事务快照

1. 描述

事务快照 SDB_SNAP_TRANSACTIONS 可以列出数据库中正在进行的事务信息。每一个数据节点上正在进行的每一个事务为一条记录。

注意，默认情况下，事务功能是关闭的。如要打开事务功能需要在节点的配置文件中配置参数：transactionon=TRUE。在创建数据节点时，增加 JSON 类型的参数：{"transactionon": "YES"} 或 {"transactionon": true}。

2. 字段信息

事务快照字段信息如表 7.5 所示。

表 7.5 事务快照字段信息

字段名	类型	描述
NodeName	字符串	节点名，为 "<HostName>:<ServiceName>"
SessionID	长整型	会话 ID
TransactionID	字符串	事务 ID
TransactionIDSN	长整型	事务序列号
IsRollback	布尔型	表示这个事务是否处于回滚中
CurrentTransLSN	长整型	事务当前的日志 LSN
BeginTransLSN	长整型	事务开始的日志 LSN
WaitLock	BSON 对象	正在等待的锁
TransactionLocksNum	整型	事务已经获得的锁数量
RelatedID	字符串	内部标识
GotLocks	BSON 数组	事务已经获得的锁

3. 锁对象信息

表 7.6 列出了 WaitLock 和 GetLocks 字段中锁对象的信息。

表 7.6 锁对象信息

字段名	类型	描述
CSID	整型	锁对象所在集合空间的 ID
CLID	整型	锁对象所在集合的 ID
ExtentID	整型	锁对象所在记录的 ID
Offset	整型	锁对象所在记录的偏移量
Mode	字符串	锁的类型，对应有 "IS" "IX" "S" "U" 和 "X"
Count	整型	锁计数器（只在 GetLocks 中存在）
Duration	整型	锁的持有或等待时间（单位：ms）

4. 锁对象的描述

锁对象每个字段取值不同，表示不同的锁对象，如表 7.7 所示。

表 7.7 锁对象描述

锁对象	CSID	CLID	ExtentID	Offset	备注
没有锁对象	−1	65 535	−1	−1	一般在 WaitLock 为没有锁对象时，表示当前事务没有在等待锁
集合空间锁	≥ 0	65 535	−1	−1	
集合锁	≥ 0	≥ 0	−1	−1	
记录锁	≥ 0	≥ 0	≥ 0	≥ 0	

5. 示例

db.snapshot(SDB_SNAP_TRANSACTIONS)
{
"NodeName": "ubuntu1604-xjh:20000",
"SessionID": 89,
"TransactionID": "03e80000000001",

```
    "TransactionIDSN": 1,
    "IsRollback": false,
    "CurrentTransLSN": 491325292,
    "BeginTransLSN": 491325292,
    "WaitLock": {},
    "TransactionLocksNum": 3,
    "RelatedID": "c0a81457c35000006b75",
    "GotLocks": [
      {
        "CSID": 1,
        "CLID": 0,
        "ExtentID": 9,
        "Offset": 36,
        "Mode": "U",
        "Count": 1,
        "Duration": 1137053
      },
      {
        "CSID": 1,
        "CLID": 0,
        "ExtentID": -1,
        "Offset": -1,
        "Mode": "IS",
        "Count": 1,
        "Duration": 1137053
      },
      {
        "CSID": 1,
        "CLID": 65535,
        "ExtentID": -1,
        "Offset": -1,
        "Mode": "IS",
        "Count": 1,
        "Duration": 1137053
      }
    ]
  }
  {
```

    "NodeName": "ubuntu1604-xjh:20000",
    "SessionID": 92,
    "TransactionID": "03e80000000002",
    "TransactionIDSN": 2,
    "IsRollback": false,
    "CurrentTransLSN": -1,
    "BeginTransLSN": -1,
    "WaitLock": {
     "CSID": 1,
     "CLID": 0,
     "ExtentID": 9,
     "Offset": 36,
     "Mode": "U",
     "Duration": 8784
    },
    "TransactionLocksNum": 2,
    "RelatedID": "c0a81457c35000006b76",
    "GotLocks": [
      {
       "CSID": 1,
       "CLID": 0,
       "ExtentID": -1,
       "Offset": -1,
       "Mode": "IS",
       "Count": 1,
       "Duration": 8784
      },
      {
       "CSID": 1,
       "CLID": 65535,
       "ExtentID": -1,
       "Offset": -1,
       "Mode": "IS",
       "Count": 1,
       "Duration": 8784
      }
    ]
}

7.2.5 操作系统快照

1. 描述

操作系统快照 SDB_SNAP_SYSTEM 可以列出当前数据库节点所在操作系统中主要的状态与性能监控参数，输出一条记录。

2. 字段信息

（1）操作系统快照非协调节点字段信息如表 7.8 所示。

表 7.8　操作系统快照非协调节点字段信息

字段名	类型	描述
NodeName	字符串	节点名，为"<HostName> :< ServiceName>"
HostName	字符串	数据库节点所在物理节点的主机名
ServiceName	字符串	svcname 所指定的服务名，与 HostName 共同作为一个逻辑节点的标识
GroupName	字符串	逻辑节点所属的分区组名，在 standalone 模式下，该字段为空字符串
IsPrimary	布尔型	指示该节点是否为主节点，在 standalone 模式下，该字段为 false
ServiceStatus	布尔型	指示是否为可提供服务状态；一些特殊状态，例如全量同步会使该状态为 false
Status	字符串	数据库状态，包括"Normal""Shutdown""Rebuilding""FullSync""OfflineBackup"
BeginLSN.Offset	长整型	起始 LSN 的偏移
BeginLSN.Version	整型	起始 LSN 的版本号
CurrentLSN.Offset	长整型	当前 LSN 的偏移
CurrentLSN.Version	整型	当前 LSN 的版本号
CommittedLSN.Offset	长整型	已提交 LSN 的偏移
CommittedLSN.Version	整型	已提交 LSN 的版本号
CompleteLSN	长整型	已完成 LSN 的偏移
LSNQueSize	整型	等待同步的 LSN 队列长度
TransInfo.TotalCount	整型	正在执行的事务数量
TransInfo.BeginLSN	长整型	正在执行的事务的起始 LSN 的偏移
NodeID	数组	节点 ID，为"[< 分区组 ID>,< 节点 ID>]"；在 standalone 模式下，该字段为"[0,0]"
CPU.User	浮点数	操作系统启动后所消耗的总用户 CPU 时间（单位：s）
CPU.Sys	浮点数	操作系统启动后所消耗的总系统 CPU 时间（单位：s）
CPU.Idle	浮点数	操作系统启动后所消耗的总空闲 CPU 时间（单位：s）
CPU.Other	浮点数	操作系统启动后所消耗的总其他 CPU 时间（单位：s）
Memory.LoadPercent	整型	当前操作系统的内存（包括文件系统缓存）使用率
Memory.TotalRAM	长整型	当前操作系统的总内存空间（单位：字节）
Memory.FreeRAM	长整型	当前操作系统的空闲内存空间（单位：字节）
Memory.TotalSwap	长整型	当前操作系统的总交换空间（单位：字节）
Memory.FreeSwap	长整型	当前操作系统的空闲交换空间（单位：字节）
Memory.TotalVirtual	长整型	当前操作系统的总虚拟空间（单位：字节）
Memory.FreeVirtual	长整型	当前操作系统的空闲虚拟空间（单位：字节）
Disk.Name	字符串	数据库路径所在的磁盘名称
Disk.DatabasePath	字符串	数据库路径

（续）

字段名	类型	描述
Disk.LoadPercent	整型	数据库路径所在文件系统的空间占用率
Disk.TotalSpace	长整型	数据库路径总空间（单位：字节）
Disk.FreeSpace	长整型	数据库路径空闲空间（单位：字节）

（2）操作系统快照协调节点字段信息如表 7.9 所示。

表 7.9　操作系统快照协调节点字段信息

字段名	类型	描述
CPU.User	浮点数	操作系统启动后所消耗的总用户 CPU 时间（单位：s）
CPU.Sys	浮点数	操作系统启动后所消耗的总系统 CPU 时间（单位：s）
CPU.Idle	浮点数	操作系统启动后所消耗的总空闲 CPU 时间（单位：s）
CPU.Other	浮点数	操作系统启动后所消耗的总其他 CPU 时间（单位：s）
Memory.TotalRAM	长整型	当前操作系统的总内存空间（单位：字节）
Memory.FreeRAM	长整型	当前操作系统的空闲内存空间（单位：字节）
Memory.TotalSwap	长整型	当前操作系统的总交换空间（单位：字节）
Memory.FreeSwap	长整型	当前操作系统的空闲交换空间（单位：字节）
Memory.TotalVirtual	长整型	当前操作系统的总虚拟空间（单位：字节）
Memory.FreeVirtual	长整型	当前操作系统的空闲虚拟空间（单位：字节）
Disk.TotalSpace	长整型	数据库路径总空间（单位：字节）
Disk.FreeSpace	长整型	数据库路径空闲空间（单位：字节）
ErrNodes.NodeName	字符串	返回异常节点名（主机名＋端口）
ErrNodes.GroupName	字符串	返回异常节点所属分区组名
ErrNodes.Flag	整型	错误码
ErrNodes.ErrInfo	字符串	返回节点出错信息

注意，存在异常节点时才显示 ErrNodes 字段。

3. 示例

（1）非协调节点示例：

```
db.snapshot( SDB_SNAP_SYSTEM )
{
  "NodeName": "hostname1:11820","",
  "HostName": "hostname1",
  "ServiceName": "11820",
  "GroupName": "group1",
  "IsPrimary": false,
  "ServiceStatus": true,
  "Status": "Normal",
  "BeginLSN": {
   "Offset": 0,
   "Version": 1
  },
```

"CurrentLSN": {
 "Offset": 3764,
 "Version": 1
},
"CommittedLSN": {
 "Offset": 3764,
 "Version": 1
},
"CompleteLSN": 3865,
"LSNQueSize": 0,
"TransInfo": {
 "TotalCount": 0,
 "BeginLSN": -1
 },
"NodeID": [
 1000,
 1000
],
"CPU": {
 "User": 3947.31,
 "Sys": 715.11,
 "Idle": 331196.41,
 "Other": 771.14
},
"Memory": {
 "LoadPercent": 95,
 "TotalRAM": 4155072512,
 "FreeRAM": 202219520,
 "TotalSwap": 2153771008,
 "FreeSwap": 2137071616,
 "TotalVirtual": 6308843520,
 "FreeVirtual": 2339291136
},
"Disk": {
 "Name":"/dev/sda1",
 "DatabasePath": "/opt/sequoiadb/database/data/11820",
 "LoadPercent": 78,
 "TotalSpace": 40704466944,
 "FreeSpace": 8615747584

```
      }
    }
```

（2）协调节点示例：

```
coord.snapshot( SDB_SNAP_SYSTEM )
{
  "CPU": {
    "User": 36280.72,
    "Sys": 5046.23,
    "Idle": 7560242.4,
    "Other": 5887.24
  },
  "Memory": {
    "TotalRAM": 8403730432,
    "FreeRAM": 3075035136,
    "TotalSwap": 25757204480,
    "FreeSwap": 25663799296,
    "TotalVirtual": 34160934912,
    "FreeVirtual": 28738834432
  },
  "Disk": {
    "TotalSpace": 338172772352,
    "FreeSpace": 181331296256
  },
  "ErrNodes": [
    {
      "NodeName": "hostname1:11850",
      "GroupName": "group2",
      "Flag": -79,
      "ErrInfo": {}
    }
  ]
}
```

7.3 常见错误处理指南

本节将对常见错误处理进行描述，具体包括问题的现象、错误码、诊断方案以及修复方法等。常见错误分为六类：系统配置类问题、网络问题、节点可靠性问题、数据可靠性问题、功能问题以及用户权限问题。接下来将对这六类问题展开描述。

7.3.1 系统配置类问题

1. SDB_OOM(-2)

- 系统内存分配失败。
- 问题诊断：该问题是由系统虚拟内存分配已达到上限触发的。切换至相应的用户，可以通过"ulimit -Sa"进行查看，确认"virtual memory"的大小是否跟所有数据文件（包括索引文件、大对象文件）的大小相接近，如果是，则需要修改该值。
- 问题修复：建议将相应用户的"virtual memory"设置为"unlimited"。

2. SDB_DPS_FILE_SIZE_NOT_SAME(-123)、SDB_DPS_FILE_NOT_RECOGNISE (-124)

- 当前节点的同步日志大小及个数与配置文件中的日志大小及个数不相符，目前SequoiaDB不支持在初始化后更改同步日志文件大小及个数。
- 问题修复：调整到原配置即可。若需要强行更改同步日志文件大小及个数，则首先需要确保同一分区组内的所有节点同步日志已经一致（可以通过直连节点并执行"db.snapshot(SDB_SNAP_SYSTEM)"查看"CompleteLSN"是否相同），然后停止分区组内的所有节点，并删除每一个节点上的同步日志目录（默认为<dbpath>/replicalog），再修改到新的配置中并重启节点即可。

7.3.2 网络问题

1. SDB_NETWORK(-15)、SDB_NETWORK_CLOSE(-16)

- 通信套接字关闭。
- 问题诊断：
  - 请检查是否配置防火墙策略；
  - 请检查交换机是否配置安全策略，是否故障；
  - 请检查机器网卡是否故障；
  - 可以用"ping <hostname>"或"telnet <hostname:port>"进行相关的测试；
  - 请检查节点、客户端是否重启或关闭。

2. SDB_NET_CANNOT_LISTEN(-78)

- 通信监听端口冲突。
- 问题诊断：查看节点的诊断日志，找到冲突的端口，并通过"netstat -anp|grep <port>"确认端口是否被占用。
- 问题修复：若端口被占用，则需要先停止占用该端口的进程；重启该节点。

3. SDB_NET_CANNOT_CONNECT(-79)

- 无法连接指定的地址。
- 问题诊断：
  - 通过查看节点的诊断日志，找到目的端的地址和端口信息；
  - 检查目的节点是否启动；

- 检查当前节点的"host"配置是否正确；
- 检查当前节点和目的节点是否开启防火墙。
- 问题修复：请根据上述每一步的检查进行相应的修复，并重试操作。

4. SDB_NET_BROKEN_MSG(-84)

- 消息格式错误或长度不正确，当前消息包最大长度为 512MB。

5. SDB_COORD_REMOTE_DISC(-134)

- 对端节点断开连接。
- 问题诊断：
  - 请查看该协调节点的诊断日志，找到发生错误的数据节点；检查该数据节点是否异常重启；
  - 在开启"optimeout"配置的情况下，若对端节点在指定时间内无心跳响应，则也会中断操作，并返回 SDB_COORD_REMOTE_DISC 错误，在这种情况下，请检查机器是否负载过高、磁盘 IO 过慢等。
- 问题修复：
  - 若数据节点发生重启，则需要联系售后工程师进行处理；
  - 若问题由机器负载过高、磁盘压力大引起，则需要关闭或增大"optimeout"。

6. SDB_TOO_MANY_OPEN_FD(-255)

- 连接句柄数达到上限。
- 问题诊断：出现该问题是由于进程的句柄数达到配置的上限。切换至相应的用户，可以通过"ulimit -Sa"进行查看，确认"open files"的配置是否小于当前节点所有文件数加连接数，如果是则需要修改该值。
- 问题修复：建议将相应用户的"open files"设置为"unlimited"。

7.3.3　节点可靠性问题

1. SDB_APP_FORCED(-18)

- 节点被强制退出或停止。
- 问题诊断：根据节点的诊断日志，查看节点退出原因。
- 问题修复：重启对应节点。

2. SDB_DMS_INVALID_SU(-35)

- 节点上数据文件、索引文件或大对象文件损坏。
- 问题诊断：
  - 请检查磁盘是否发生故障；
  - 请检查节点是否发生异常，或机器是否发生异常重启。
- 问题修复：
  - 若磁盘故障，则需要更换磁盘；
  - 若问题由节点异常或机器重启导致，则检查故障文件大小是否小于 64KB。小于则直接清除（一并清除包含该集合空间的其他文件），并重启节点；否则需要联系售后工程师进行恢复。

3. SDB_DPS_CORRUPTED_LOG(-98)

- 同步日志记录损坏。
- 问题诊断：请检查磁盘是否损坏。
- 问题修复：系统会尝试自动修复该错误，如果长时间都不能修复，则联系售后工程师进行处理。

7.3.4　数据可靠性问题

1. SDB_DMS_CORRUPTED_SME(-115)、SDB_DMS_CORRUPTED_EXTENT (-139)

- 数据文件、索引文件或大对象文件损坏。
- 问题诊断：请检查磁盘是否发生故障，机器是否强行重启，节点是否异常。
- 问题修复：发生该错误系统会尝试自动修复，若不能自动修复则需要联系售后工程师进行恢复。

2. SDB_CLS_FULL_SYNC(-129)

- 节点正在进行数据全量同步。
- 问题诊断：引发全量同步的原因有当前节点同步的日志在其他节点中已被写脏；当前节点异常重启；发生主切换，新的主节点回滚失败（对删除集合、删除集合空间无法进行回滚）。
- 问题修复：系统会自动修复，在全量同步完成后重试操作。

3. SDB_RTN_IN_REBUILD(-150)

- 节点正在进行本地数据恢复。
- 问题诊断：引发本地数据恢复的原因是该分区组内所有节点都异常重启。
- 问题修复：系统会自动修复，在恢复完成后重试操作，若不能自动修复则需要联系售后工程师进行恢复。

7.3.5　功能问题

1. SDB_FNE(-4)

- 指定文件不存在。
- 问题诊断：请检查操作相关的"文件""大对象"等是否存在。

2. SDB_FE(-5)

- 指定文件已存在。
- 问题诊断：请检查操作相关的"文件""大对象"等是否存在。
- 问题修复：

- ■ "节点启动"或"创建集合空间"发生该错误时，是由于节点异常导致的文件残留，可以对异常的文件进行清理，并重试操作。
- ■ "创建节点"发生该错误时，可以对已残留的节点配置文件进行清理，并重试操作。
- ■ "获取大对象"发生该错误时，可以更改本地要存储的文件名，并重试操作。

3. SDB_INVALIDARG(-6)

- 指定参数格式或值不正确。
- 问题诊断：请查看对应节点的诊断日志，找到对该参数错误的详细描述，并加以修正重试。

4. SDB_INTERRUPT(-8)

- 发生系统中断，导致节点退出或操作终止。
- 问题诊断："节点"发生中断退出，意味着收到了相应信号量（比如 SIGTERM 等），即外部对该节点执行了"kill -15""sdbstop""service sdbcm stop"或"操作系统重启"等相应操作，节点正常停止。

5. SDB_NOSPC(-11)

- 磁盘空间不足。
- 问题诊断：检查节点对应的数据目录、索引目录、大对象目录等的磁盘空间是否达到上限。

6. SDB_TIMEOUT(-13)

- 超时错误
- 问题诊断：
  - ■ 并发事务的执行产生了死锁。
  - ■ 会话设置操作超时，可以通过 Sdb.getSessionAttr() 检查 Timeout 选项是否被设置。
- 问题修复：
  - ■ 对产生死锁的事务进行回滚操作，请参考 Sdb.transRollback()。
  - ■ 对会话设置操作超时，请参考 Sdb.setSessionAttr()，设置 Timeout 为合理的值。

7. SDB_DMS_NOSPC(-21)、SDB_IXM_NOSPC(-40)

- 集合空间剩余空间不足。
- 问题诊断：检查当前集合空间对应文件是否达到容量上限，请参考集合空间限制。

8. SDB_DMS_EXIST(-22)

- 集合已存在。
- 问题诊断：检查操作中的集合名是否拼写错误。

9. SDB_DMS_NOTEXIST(-23)

- 集合不存在。

- 问题诊断：
  - 检查操作中的集合名是否拼写错误；
  - 使用"db.listCollections()"确认该集合是否存在，若该集合存在，而其他操作依然报该错误，原因可能为操作位于备节点上，而备节点还未同步；由于节点故障导致创建的集合在实际节点上不存在。
- 问题修复：设置会话访问"主节点"的属性"db.setSessionAttr({PreferedInstanace: "M"})"，并执行"db.<cs>.<cl>.find()"操作进行自动重建修复。（如需要修复垂直分区中的主表报错"-23"，需要为每个子表执行重建修复。）

10. SDB_DMS_RECORD_TOO_BIG(-24)

- 记录超过最大限制。
- 问题诊断：请检查操作的记录大小是否超过记录限制。

11. SDB_DMS_CS_EXIST(-33)

- 集合空间已存在。
- 问题诊断：请检查操作中的集合空间名是否拼写错误。

12. SDB_DMS_CS_NOTEXIST(-34)

- 集合空间不存在。
- 问题诊断：
  - 请检查集合空间名是否拼写错误；
  - 使用"db.listCollectionSpaces()"确认该集合空间是否存在，若该集合空间存在，而其他操作仍然报该错误，原因可能为操作位于备节点上，而备节点还未同步；由于节点故障导致创建的集合空间在实际节点上不存在。
- 问题修复：设置会话访问"主节点"的属性"db.setSessionAttr({PreferedInstance: "M"})"，并重试该操作。

13. SDB_IXM_MULTIPLE_ARRAY(-37)

- 复合索引字段中数组类型过多，目前复合索引只允许 1 个字段为数组类型。

14. SDB_IXM_DUP_KEY(-38)

- 与记录相同的唯一索引值冲突，对于集合默认有 "$id" 的唯一索引。

15. SDB_IXM_KEY_TOO_LARGE(-39)

- 通过记录生成的索引值大小超过 1000 字节。
- 问题修复：请检查索引是否合理，建议所生成索引的字段值长度应小于 128 字节，从而可以达到提升性能的效果。

16. SDB_DMS_MAX_INDEX(-42)

- 集合的索引数达到上限，单集合最多支持创建 64 个索引。

17. SDB_DMS_INIT_INDEX(-43)

- 初始化索引页失败。
- 问题诊断：
    - 该索引在操作过程中被删除；
    - 磁盘发生故障。
- 问题修复：重试操作，若故障未修复，则需要联系售后工程师进行修复。

18. SDB_IXM_EXIST(-46)

- 相同的索引名已存在。
- 问题诊断：请检查操作中的索引名是否拼写错误。

19. SDB_IXM_NOTEXIST(-47)、SDB_RTN_INDEX_NOTEXIST(-52)

- 指定索引不存在。
- 问题诊断：该索引在操作过程中被删除。
- 问题修复：重试操作，若故障未修复，则需要联系售后工程师进行修复。

20. SDB_DMS_SU_OUTRANGE(-55)

- 单节点的集合空间数达到上限，单节点最多支持 16 384 个集合空间。

21. SDB_IXM_DROP_ID(-56)、SDB_IXM_DROP_SHARD(-164)

- 系统索引不允许删除（包括"$id"和"$shard"）。
- 问题修复：若要删除"$id"索引，请使用"db<cs>.<cl>.dropIdIndex()"接口，但删除后该集合不支持"更新"和"删除"。

22. SDB_PMD_RG_NOT_EXIST(-59)、SDB_COOR_NO_NODEGROUP_INFO(-138)、SDB_CLS_GRP_NOT_EXIST(-154)、SDB_CLS_NO_GROUP_INFO(-167)

- 分区组不存在。
- 问题诊断：请使用"db.listReplicaGroups()"检查分区组是否存在。
- 问题修复：若上述检查分区组存在，请使用"db.invalidateCache({Global:true})"清空所有节点的缓存，并重试操作。

23. SDB_PMD_RG_EXIST(-60)、SDB_CAT_GRP_EXIST(-153)

- 分区组已存在。
- 问题诊断：请检查操作中的分区组名是否拼写错误。

24. SDB_PMD_SESSION_NOT_EXIST(-62)

- 指定会话不存在。
- 问题诊断：可以通过直连该节点，并执行"db.snapshot(SDB_SNAP_SESSIONS)"确认该会话是否存在。

25. SDB_PMD_FORCE_SYSTEM_EDU(-63)

- 系统会话不允许被强制结束。

26. SDB_BACKUP_HAS_ALREADY_START(-67)

- 其他备份任务正在执行，当前系统只允许同时执行一个离线备份任务。

27. SDB_BAR_DAMAGED_BK_FILE(-70)

- 备份文件损坏。
- 问题诊断：请检查磁盘是否损坏。
- 问题修复：重新执行备份，并删除损坏的备份文件。

28. SDB_RTN_NO_PRIMARY_FOUND(-71)、SDB_CLS_NOT_PRIMARY(-104)

- 分区组不存在主节点。
- 问题诊断：
  - 检查分区组的所有节点是否都已经启动（在分区组所有节点都异常后，需要所有节点都启动才能选举；在分区组节点正常重启时，若存在节点未启动，则其他节点需要等待一定周期才能开始选举，默认等待时间是 10min ；在分区组节点正常重启时，需要有 $N/2+1$ 个节点成功启动才会选举）；
  - 直连分区组的每一个节点，执行"db.snapshot(SDB_SNAP_SYSTEM)"并查看"IsPrimary"是否为"true"；
  - 检查分区组的每一个节点的诊断日志，查看节点当前的错误信息。
- 问题修复：
  - 若检查当前分区组存在"IsPrimary"为"true"的节点，则执行"db.invalidateCache({Global:true})"清除所有缓存并重试；
  - 若存在节点未启，请启动节点。

29. SDB_REPL_GROUP_NOT_ACTIVE(-90)

- 分区组未激活，不能被分配给域、集合空间和集合。
- 问题修复：请执行"db.getRG(<name>).start()"对该分区组进行激活操作。

30. SDB_DMS_INCOMPATIBLE_MODE(-92)

- 集合当前状态和操作不兼容。
- 问题诊断：
  - 执行"db.snapshot(SDB_SNAP_COLLECTIONS)"查看对应集合的"Status"状态，或执行"sdbdmsdump -d <dbpath> -o <output_file> -c <cs> -l <cl> -a dump --meta true"查看对应集合的"Status"；
  - 若集合状态为"0OFFLINE REORG"，则不允许从外部对该集合进行任何操作。
- 问题修复：出现上述现象，系统会自行重组修复；若无法自动修复，则可以执行"sdbdmsdump -d <dbpath> -o <output_file> -c <cs> -l<cl> -r mb:Flag=0"进行强制修复。

31. SDB_DMS_INCOMPATIBLE_VERSION(-93)

- SequoiaDB 程序与当前的数据文件版本不兼容，当前不支持从高版本回退到低版本。
- 问题修复：请更新到正确的版本。

32. SDB_CLS_NODE_NOT_ENOUGH(-105)

- 分区组当前激活节点数不满足集合同步写副本数要求。
- 问题诊断：请检查该分区组内所有节点是否都启动。
- 问题修复：启动该分区组内未启动的节点，或者通过 "db.<cs>.<cl>.alter()" 减小集合同步写副本数。

33. SDB_CLS_DATA_NODE_CAT_VER_OLD(-107)、SDB_CLS_COORD_NODE_CAT_VER_OLD(-108)

- 数据节点和协调节点编目信息过旧。
- 问题修复：系统会自动修复该错误，如未能自动修复，可以执行 "db.invalidateCache ({Global:true})" 清空所有节点缓存并重试。

34. SDB_APP_INTERRUPT(-116)

- 当前操作被中断。
- 问题诊断：请检查节点是否正在停止、通信是否中断、机器是否重启，以及是否有其他人员对该会话进行"强制中断"。
- 问题修复：重试操作。

35. SDB_CAT_AUTH_FAILED(-128)

- 该节点在编目中未配置，鉴权失败。
- 问题诊断：请检查是否更改节点的主机名或服务名。
- 问题修复：暂时不允许修复节点主机名，改回原主机名即可。

36. SDB_CAT_NO_NODEGROUP_INFO(-133)

- 没有可用分区组。
- 问题诊断：检查是否创建分区组并激活。

37. SDB_CAT_NO_MATCH_CATALOG(-135)

- 不能匹配到有效的分区信息。
- 问题诊断：可以执行 " db.snapshot(SDB_SNAP_CATALOG)" 查看对应集合的分区信息，并与操作的记录进行比较，确保记录能够匹配到已有的分区信息。
- 问题修复：通过 "db.<cs>.<cl>.attachCL()" 挂载记录对应的分区即可。

38. SDBCM_FAIL(-140)

- 远程节点操作失败。
- 问题诊断：请检查 "sdbcm" 是否启动。

● 问题修复：启动"sdbcm"。

39. SDBCM_NODE_EXISTED(-145)

● 指定节点已存在。
● 问题诊断：可以执行"db.listReplicaGroups()"查看节点是否存在。
● 问题修复：若检查节点不存在，则手动停止对应机器的"sdbcm"，并删除"conf/local/"下该节点的目录，然后重启"sdbcm"并重试操作。

40.SDBCM_NODE_NOTEXISTED(-146)、SDB_CLS_NODE_NOT_EXIST(-155)

● 指定节点不存在。
● 问题诊断：可以执行"db.listReplicaGroups()"查看节点是否存在。

41. SDB_LOCK_FAILED(-147)

● 加锁失败。
● 问题诊断：当删除集合空间出现该错误时，是还有其他在该集合空间上的查询或大对象游标未关闭导致的，可以查看诊断日志，找到出错的节点，并直连该节点，执行"db.snapshot(SDB_SNAP_CONTEXTS)"找到对应的游标和会话。
● 问题修复：直连该节点，并且可以执行" db.forceSession(<sessionID>)"强制终止该会话，并重试操作。

42. SDB_COLLECTION_NOTSHARD(-169)

● 该集合为非分区集合。
● 问题修复：可以通过"db.<cs>.<cl>.alter()"将该集合改为分区集合。

43. SDB_CL_NOT_EXIST_ON_GROUP(-172)

● 集合的指定分区不存在于指定分区组上。
● 问题诊断：通过" db.snapshot(SDB_SNAP_CATALOG)"查看指定集合的分区信息，确认分区信息是否正确。

44. SDB_MULTI_SHARDING_KEY(-174)

● 分区键含有数组，且该数组中有多个值，目前分区键中若含有数组类型，需要保证数组中只有 1 个元素。

45. SDB_CLS_BAD_SPLIT_KEY(-176)

● 分区范围已经在目标分区组内。
● 问题诊断：通过" db.snapshot(SDB_SNAP_CATALOG)"查看指定集合的分区信息，确认分区信息是否正确。

46. SDB_DPS_TRANS_DOING_ROLLBACK(-191)

● 节点正在执行事务回滚操作。
● 问题修复：在回滚操作完成后进行重试。

47. SDB_QGM_AMBIGUOUS_FIELD(-194)

- 选择的字段名存在冲突。
- 问题修复：请为选择的字段名加上来源别名。

48. SDB_DMS_INVALID_INDEXCB(-199)

- 该索引被删除。
- 问题诊断：执行"db.<cs>.<cl>.listIndexes()"确认该索引是否存在。

49. SDB_DPS_LOG_FILE_OUT_OF_SIZE(-203)

- 事务日志空间不足。
- 问题修复：可以通过修复"日志文件个数"或"日志文件大小"增大日志空间，默认日志空间为 1.2GB。

50. SDB_CATA_RM_NODE_FORBIDDEN(-204)

- 不允许删除分区组内的主节点或最后一个节点。
- 问题修复：可以使用"db.removeRG(<name>)"接口删除整个分区组。

51. SDB_CAT_RM_GRP_FORBIDDEN(-208)

- 不允许删除非空分区。
- 问题诊断：执行"db.snapshot(SDB_SNAP_CATALOG)"检查各集合中的"CataInfo"是否包含待删除的分区组。
- 问题修复：需要确保待删除的分区组中不存在集合，可以删除对应的集合，或将该集合切分至其他分区组。

52. SDB_CAT_DOMAIN_NOT_EXIST(-215)、SDB_CAT_DOMAIN_EXIST(-216)

- 指定域不存在或已存在。
- 问题诊断：执行"db.listDomains()"检查指定域是否存在。

53. SDB_CAT_GROUP_NOT_IN_DOMAIN(-216)

- 指定切分的分区组不在集合空间所属域内。
- 问题修复：当集合空间指定域后，其切分的分区组也必须在域内；可以通过"domain.alter()"将该分组加入域内，或更改切分的分区组。

54. SDB_INVALID_MAIN_CL_TYPE(-244)

- 垂直分区集合分区类型不正确，垂直分区集合必须为范围分区。

55. SDB_DMS_REACHED_MAX_NODES(-249)

- 分区组节点达到上限，分区组最多支持 7 个副本。

56. SDB_CLS_WAIT_SYNC_FAILED(-252)

- 操作等待备节点同步失败。

- 问题诊断：出现该故障，为在操作过程中该分区组内出现节点心跳中断或节点故障所致，请检查该分区组内每个节点是否正常，或是否发生过异常重启。

57. SDB_DPS_TRANS_DIABLED(-253)

- 事务未开启。
- 问题修复：修改节点的配置文件，开启事务功能。

7.3.6 用户权限问题

1. SDB_PERM(-3)

- 无相应的访问权限。
- 问题诊断：出现该问题后，请查看对应节点的诊断日志，根据日志中的错误信息找到对应的"文件"或"目录"，并确认相应用户对该"文件"或"目录"具备读写等权限。
- 问题修复：赋予该用户针对"文件"或"目录"的相应的权限。

2. SDB_AUTH_AUTHORITY_FORBIDDEN(-179)

- 数据库鉴权失败。
- 问题修复：请使用正确的用户名和密码。若要取消数据库鉴权，则删除所有用户即可。

3. SDB_AUTH_USER_NOT_EXIST(-300)

- 用户名或密码不正确。

本章小结

本章主要介绍了数据库的监控与管理。用户可以通过图形化页面查看存储集群和主机的运行状态，如果想要获得其他详细的监控信息，可以分别从节点、资源或者主机页面查看。此外，还介绍了几种代表性的快照类型，通过快照命令实现数据库系统监控。最后按照问题分类对常见故障进行了描述并提供了相应的解决方案。

参考文献

[1]　高峰 . 数据库实时监控系统的设计与实现 [J]. 气象，2005，31（3）：81-84.

课后习题

1.（多选）下列属于节点信息子页面的是（　　　）。

　A. 节点信息　　　　　　B. 节点会话　　　　　　C. 节点上下文　　　　　D. 节点图表

2. （判断）图形化监控页面中资源下的会话页面可以查看存储集群当中的所有会话快照信息，Classify 列是会话快照自带的字段信息。（　　　）

3. （多选）域页面可以查看当前服务下所有由用户创建的域的详细信息，并且可以（　　　）。

　　A. 创建域　　　　　　　B. 删除域　　　　　　　C. 编辑域　　　　　　　D. 新增域

4. 操作系统快照非协调节点字段信息 ServiceStatus 的数据类型是（　　　）。

　　A. 布尔型　　　　　　　B. 整型　　　　　　　C. 长整型　　　　　　　D. 浮点数

5. 系统配置类故障 SDB_OOM(-2)，意味着_____。

部分习题答案

第 1 章习题

  1. 分布式数据库管理；分布式数据库

  2. ABCD

  3. CD

  4. ABC

  5. 坚固性好　可扩充性好　可改善性能　自治性好

第 2 章习题

  1. C

  2. C

  3. C

  4. A

  5. D

  6. A

  7. B

  8. 去中心　分布式

第 5 章习题

  1. 协调节点、编目节点、数据节点；协调节点

  2. A

  3. BD

第 7 章习题

  1. ABCD

  2. ×

  3. ABC

  4. A

  5. 系统内存分配失败

推荐阅读

计算机系统导论
作者：袁春风，余子濠 编著
ISBN：978-7-111-73093-4 定价：79.00元

计算机算法基础 第2版
作者：[美] 沈孝钧 著
ISBN：978-7-111-74659-1 定价：79.00元

操作系统设计与实现：基于LoongArch架构
作者：周庆国 杨虎斌 刘刚 陈玉聪 张福新 著
ISBN：978-7-111-74668-3 定价：59.00元

计算机网络 第3版
作者：蔡开裕 陈颖文 蔡志平 周寰 编著
ISBN：978-7-111-74992-9 定价：79.00元

数据库技术及应用
作者：林育蓓 汤德佑 汤娜 编著
ISBN：978-7-111-75254-7 定价：79.00元

数据库原理与应用教程 第5版
作者：何玉洁 编著
ISBN：978-7-111-73349-2 定价：69.00元

新型数据库系统：原理、架构与实践

作者：金培权 赵旭剑 编著 书号：978-7-111-74903-5 定价：89.00元

内容简介：

本书重点介绍当前数据库领域中出现的各类新型数据库系统的概念、基础理论、关键技术以及典型应用。在理论方面，本书除了介绍各类新型数据库系统中基本的理论和原理之外，还侧重对这些理论的研究背景和动机进行讨论，使读者能够了解新型数据库系统在设计上的先进性，并通过与成熟的关系数据库技术的对比，明确新型数据库技术的应用方向以及存在的局限性。在应用方面，本书将侧重与实际应用相结合，通过实际的应用示例介绍各类新型数据库系统在实际应用中的使用方法和流程，使读者能够真正做到学以致用。

本书可以为数据库、大数据等领域的科研人员和IT从业者提供前沿的技术视角及相关理论、方法与技术支撑，也可作为相关专业高年级本科生和研究生课程教材。

主要特点：

前沿性：本书内容以新型数据库技术为主，紧扣当前数据库领域的发展前沿，使读者能够充分了解国际上新型数据库技术的最新进展。

基础性：本书重点介绍各类新型数据库系统的基本概念与基本原理，以及系统内核的基本实现技术。内容设计上由浅入深，脉络清晰，层次合理。

系统性：本书内容涵盖了当前主流的新型数据库技术，不仅对各个方向的相关理论和方法进行了介绍，也给出了系统运行示例，使读者能够对主流的新型数据库系统及应用形成较为系统的知识框架。

分布式数据库系统：大数据时代新型数据库技术 第3版

作者：于戈 申德荣 等编著 书号：978-7-111-72470-4 定价：99.00元

内容简介：

本书是作者在长期的数据库教学和科研基础上，面向大数据应用的新需求，结合已有分布式数据库系统的经典理论和技术，跟踪分布式数据库系统的新发展和新技术编写而成的。全书强调理论和实际相结合，研究与产业相融合，注重介绍我国分布式数据库技术发展。书中详细介绍了通用数据库产品Oracle应用案例及具有代表性的大数据库系统：HBase、Spanner和OceanBase。本书特别关注国产数据库系统，除OceanBase之外，还介绍了PolarDB和TiDB。在分布式数据库技术最新进展方面，本书介绍了区块链技术、AI赋能技术，以及大数据管理技术新方向。